田媽媽 臺灣 好食味

———— 隱身鄉間的質樸好味道

 序

近幾年來，透過旅遊走訪及品味美食方式發現臺灣之美的風氣興盛，許多人喜歡利用假期，以足跡來記錄自己和這塊土地的故事，也許是往鄉間田野尋幽訪勝，體驗農園採果與農家閒話家常；也許是探訪深山秘境與心靈對話放空，無論以何種方式去認識臺灣之美，都會在假期結束後，採買當地的農特產或伴手禮，將這份旅行過程的感動分享給親友，也鼓勵更多在這塊土地上默默傳承自己家鄉好味道的人們。

農委會從民國 90 年開始輔導各地成立「田媽媽」開創其副業，強調地產地消及健康的料理特色。歷經二十多年，各地「田媽媽」的發展因為環境變遷以及第二、三代的接棒營運，經營型態改變，逐漸成為市場、健康與風土兼具的新興型態。因應 111 年食農教育法的公布施行，農委會重新定位田媽媽品牌輔導政策，同時擴大招募各農（漁）會的家政班班員、休閒農場及休閒農業區會員等為輔導對象，期待以鄉鎮物產結合節令的健康概念，開發更多具特色之田園料理、烘焙食品或農漁產（米食）加工品，再結合休閒農業旅遊，推展食農教育，創造農村就業機會，提升農林漁畜產品的附加價值及農漁村經濟。截至目前全臺田媽媽計有 113 家，每家都各具特色，且有令人驚豔又感動的地區人文和農業產業特質。

秉持「好東西要與好朋友分享」的想法，農委會特別邀請美食記者走訪全臺採訪 60 家具地區代表性的田媽媽，繪製季節農遊美食地圖，也整理各家料理及服務的食農小知識，希望民眾能到田媽媽品味美食，瞭解更多在地風土及產業故事，從而有更多對於土地的尊重，一口一口吃出臺灣的農村興盛。期盼每一家田媽媽的好料理和產品都成為美味及家鄉味的首選，也能成為國際旅人行囊裡最珍貴的禮物。

於此呈現給您「田媽媽臺灣好食味」，讓我們跟著這本書，一起走訪臺灣各個角落，品嚐在地最美味！

行政院農業委員會

主任委員　陳吉仲

經過 20 年的發展，田媽媽也不再只是單純協助婦女開創第二專長的品牌，而是運用在地食材說在地的故事、推廣在地農特產在地消費、結合農業休閒旅遊與食農教育的先鋒，且是提供顧客優質、安心保證地的在地農村品牌。從順應節慶推出的肉粽、草仔粿等點心到客製化的精緻套餐；從單純用餐到結合食農教育，藉由到田媽媽用餐的過程中，食在地、享當季，透過一連串地服務，讓消費者更了解在地。目前臺灣各地約有 113 家通過認證的「田媽媽」，持續傳遞著屬於臺灣的飲食文化。

這次採編團隊環島造訪遍布全國的田媽媽品牌店家，紀錄了各店家因應地理環境、當季物產、族群文化等不同條件，發展出料理的多元樣貌。本書採訪了 59 間田媽媽，讓讀者能透過不同視角來探索臺灣的飲食文化，更可以在其中發現隱藏於鄉野間的亮點，像是運用在地養殖漁業發展漁產料理的福樂休閒漁村、到苗栗大湖「雲也居一」品嘗薑薑料理、至台中「麻芛糕餅工作坊」吃一塊用麻芛開發的精緻點心、到花蓮「達基力部落屋」體驗原住民文化並品嘗傳統美食、來到澎湖「元貝海上料理舫」在船上品嘗新鮮直送的海味。

2022 年四代從事養殖漁業的長盈海味屋榮獲必比登推薦，也是第一家田媽媽獲此殊榮，這也為田媽媽品牌打了一劑強心針，這反映出「田媽媽」餐飲品牌所代表的飲食文化底蘊，不僅是一個帶動鄉村發展的商業模式，更是一種關注在地食材、在地經濟、在地文化、在地社群的觀念，為促進在地農業發展，形成一個良性循環。

於此期許本書所呈現的臺灣當下飲食文化縮影，能讓讀者在遊覽臺灣田媽媽同時，找到屬於自己的「臺灣好食味」。讓我們無論在春夏秋冬，不管在臺灣的東西南北甚至離島，不只能品嘗到在地新鮮食材的料理，更能從中挖掘在地的故事，同時找到屬於自己記憶中的家鄉味。

農業科技研究院

代理院長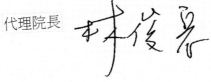

無盡心意的真情滋味

「田媽媽」品牌精神包含了農村婦女對生命的韌性，追尋自我成長並肩負起推廣在地飲食文化及農業產品的責任。

本書蒐錄 2022 年由本會各區農業改良場及各類專家費時 3 個月所評選出來全台最具代表性的 59 家田媽媽，從食品和環境衛生安全、外場的說菜服務，到行銷模式，以及食農教育、綠色餐飲的推廣執行，每一項成績都牽動整體分數的展現。

凝聽田媽媽「經營者」娓娓道來自己成立的緣由是一種有趣且溫馨的過程，他們用最真實而靦腆的笑容，認真且熱情地表達對店家經營的用心。有的一開始只是幾位家政班成員因為喜歡料理慢慢地成立一家餐廳，有的是希望藉由自己最擅長的「煮菜」來改善家庭經濟而成立的，秉持著初衷，在輔導師的陪伴下逐漸發展出專屬自己的家鄉料理或加工技術。每一位田媽媽都是心在自己的一方天地，料理讓人回味無窮的「家常菜」……，很多很多令人動容或是歡喜感動的故事，都讓田媽媽展現出不同於其他餐飲業的「家庭氣味」，這就是一種自然、質樸帶有濃厚人情味的氣緒。

「有一種餓是田媽媽覺得你餓……」這些「經營者」很多一開始都不是科班出生，但因為想要成為「掌廚人」，在經營餐廳之餘還努力考證照並學習更精進的技術，也因為這些媽媽們對料理的要求，當他們開始開店販售產品，往往就是用在家料理的方式，每一道菜都裝滿了豐盛的食材，問他們這樣澎湃的一桌菜到底有沒有虧本？

聽到的回答往往是「我們不能怠慢到訪的每一位客人」。如此單純的信念，加上田媽媽對食材上的堅持，配合時令季節的飲食習慣所設計的菜單，讓每一位到訪的人，都對他們記憶深刻。

這些年來也有愈來愈多的男性加入田媽媽，和家人共同鑽研延續家鄉味，也有二代慢慢接手，讓田媽媽餐廳開始走向不同的經營模式，從「產地到餐桌」延伸到周邊的農業及在地文化，在料理時加入節氣和節慶的元素，開始規劃一些體驗遊程，讓飲食方式不只是用吃來表現，還能讓訪客親自動手來增加一些「行為記憶」。

經過 Covid-19 長達兩年的疫情肆虐，田媽媽從一開始的擔憂到漸漸找到新的市場，除了改變餐廳的經營型態，也積極開發伴手和冷凍料理，再再展現不被環境所打倒的堅韌精神，如同田媽媽花苞樣的識別標誌，即便風吹雨打也還是綻放枝頭，用最美的笑容迎接每一位到訪的朋友。

CONTENT

 春的氣味──蠢蠢欲動的味蕾，
急著在春天品嘗甦醒的滋味

 夏

夏的奔放──炎熱的陽光
讓人只想徜徉在繽紛的清涼中

 秋的豐富——豐收盈滿的喜悅
承載所有的飽滿與細緻

 冬天的溫暖——在歲末時節
蓄勢待發迎接新的開始

春

New Taipei
千戶傳奇

Taipei
梅居休閒農場

巧婦米食烘焙點心坊

Taoyuan

秘密花園

雲也居一

Miaoli

卓也小屋田媽媽

Nantou

Taichung

麻芛糕餅
工作坊

小半天風味餐坊

Hualien
傅姐風味餐

Penghu

池農養生餐坊

Taitung

星月灣海田料理餐廳

大坑
休閒農場

Tainan

牧草汁

禾光牧場
羊咩咩的家

Kaohsiung

夏

寶腸牧場點心坊
Taoyuan

Yilan

巧軒餐館
牛奶故鄉餐坊
Miaoli

花泉田園美食坊
官夫人田園料理

石岡傳統
美食小舖

議蘆餐廳
Taichung

璽綠餐館

蓉貽健康工作坊

Nantou

田媽媽
QQ米香屋

原夢觀光農園

Chiayi
生力農場

Hualien
達基力部落屋

一晴食坊

鹽水日曬嘉麵　鹽水意麵工坊

Tainan

秋

福樂休閒漁村

海岸風情

New Taipei

北海驛站
石農肉粽

快樂農家
米食餐飲坊

茶油坊

Hsinchu

鮮豐食堂

Kinmen

神雕邨
複合式茶棧

Miaoli

Yilan

玉露茶驛站

Changhua

陽光水棧

Nantou

幸福田心

Penghu

元貝田媽媽海上料理舫

Hualien

富麗禾風

林園茶香
美食

Chiayi

成農花田餐坊

青山農場

Taitung

米國學校餐廳

長盛海味屋

Tainan

北門嶼
輕食風味餐廳

葵成粽藝坊

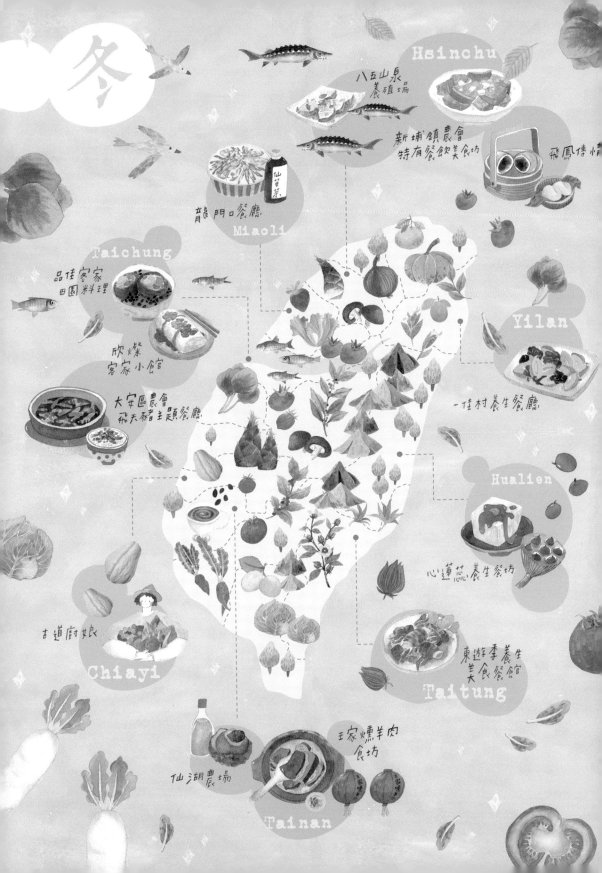

冬

Hsinchu
八五山泉養殖場
新埔鎮農會特有餐飲美食坊
飛鳳傳情

龍門口餐廳
Miaoli

Taichung
品佳客家田園料理
欣燦客家小食館
大安區農會飛天豬主題餐廳

Yilan
一佳村養生餐廳

Hualien
心蓮蕊養生餐坊

古道廚娘
Chiayi

東遊季養生美食餐館
Taitung

王家燻羊肉食坊

仙湖農場
Tainan

立春　立春落雨透清明

農曆正月初一開新正，戶戶貼春聯，人人穿新衣，不但
要隆重地祭祝祖先，寺廟走春，到親友家拜年。初二歸寧向
父母拜年。初三休息日。初四接神。初五俗稱「隔開」各行業開
始興工大吉。

雨水　春寒雨若泉，冬寒雨四散

農曆正月十五稱「上元節」、「小正月」、「元夕」或「燈
節」，是春節之後的第一個重要節日，適逢天官大帝誕
辰，家家戶戶備豐盛菜餚祭祀神明祖先。（吃元宵、賞花
燈、猜燈謎是重要的元宵節民間習俗。在臺南市鹽水區
的居民過元宵，有燃放「蜂炮」的風俗。）

驚蟄　二月初二打雷，稻屋較重過秤錘

農曆二月初二要拜頭牙，主要祭拜掌管土地豐饒、庇佑
生意錢財的土地公，能求得福氣、生意發展順利，「頭
牙沒作，尾牙空，尾牙若擱再沒作，就不親像人」。

春分　春分前好布田，春分後好種豆

開漳聖王誕辰（農曆 2/15）

觀世音菩薩誕辰（農曆 2/19）

三山國王祭日（農曆 2/25）

清明　雨淋墓頭紙，日曝穀雨田

是二十四節氣中，唯一一個既是民俗節日又是氣象節氣的「節」。
清明是節氣也是節日，傳統上會吃潤餅和結合了象徵吉利的紅色
與長壽的紅龜粿，及草仔粿（艾粄）、圓圓的形狀有團圓和諧的
意義。

穀雨　穀雨前三日無茶挽，穀雨後三日挽不及

媽祖生日

春

創意蔬食繽紛上桌

梅居休閒農場

繽紛的菜色
好迷人！

梅居是臺北市第一家也是目前唯一的田媽媽,同時為穆斯林友善餐廳。餐點特色是創意蔬食,因為堅持供應當季蔬果,以無菜單料理呈現,不同時節來都會有驚喜。組合套餐包含多道美味,像是香菇素燥、福圓苦瓜與蜜菓芋棗等,都藏有創意巧思。食材使用農場自己栽種的蔬果,也與在地有生產履歷的小農合作,就連飲料都是自種自釀的醋飲,料理擺盤呈現得繽紛多彩,以可食花朵點綴,客人讚嘆之後才捨得開動。

從內而外 打造全方位的環保農場

「因為想開一條路,結果開成了一家農場。」楊安心說起梅居休閒農場的創業故事,就先從開路說起了。民國 42 年,楊安心的公婆認為橘子市價很好,買下陽明山這塊土地,將原本的茶園改為橘子園。公婆相繼往生後,橘子園逐漸荒廢,楊安心公職退休後,想到婆婆的吩咐「開一條路」,為了這個遺願,她與先生郭秀光申請了成立休閒農場以方便開路,結果無心插柳之下,自民國 105 年開始經營休閒農場,以公婆名字各取一字命名「梅居」,民國 108 年又成為首批田媽媽的休閒農場。

楊安心本身是慈濟志工,茹素多年,有感於氣候變遷,她希望將梅居打造為全方位的環保農場。透過門口一對母子牛雕像為意象,她為客人講解感恩、尊重與愛的人文教育,進行心理環保。其次為大地環保,堅持無農藥、無化學肥料、無殺蟲劑,藉由友善土地的方式與客人共享大自然。然後就是身體環保,透過蔬食傳達健康理念。

農場裡有一片孟宗竹林,為公婆所留,她推出竹林體驗活動,採筍之後做竹筒飯,餐後可帶走竹筒,頗受客人喜愛。還種有各種果樹,不妨體驗採果樂。此外,春天可賞梅、櫻花與紫藤,也有芳香萬壽菊等香草植物,蜜源植物則吸引來蝴蝶,常見端紫斑蝶、琉球青斑蝶與小紫斑蝶翩翩飛舞。

回歸田園 樂當老婆的志工

梅居農場主人郭秀光,是老婆楊安心的後援會,開車接送、拍照記錄等等全包辦,忙得不亦樂乎。這塊土地是他兒時最熟悉的地方,自小學五年級起每到放假就被父母叫來橘子園幫忙,「所以我從小立志讀書,要到外地讀大學,就不用來果園了。」他說,沒想到退休後卻回到逃離的地方,而且心甘情願的歡喜做。他笑稱現在頭銜是老婆的志工,「她叫我幹嘛我就幹嘛,工作量變大了,但是每天忙得很快樂。」

加入創意巧思 改變蔬食印象

「哇!好漂亮啊!」梅居提供的無菜單料理一上桌,往往讓客人驚艷讚嘆,其實這就是梅居蔬食創意料理一大特色。用色繽紛之外,常以花朵點綴,而這些花朵不只是裝飾而已,皆是可食用的花,有香氣十足的天使薔薇、一絲絲甜蜜的紫藤、帶點芥末嗆味的金蓮花、口感很好的夏堇、吃起來甜中帶澀的野牡丹等等,都讓客人眼睛一亮,同時細細咀嚼每一朵花的滋味。由於堅持提供當季的花果蔬菜,梅居基本上是無菜單料理,以當季的食材組合套餐,不時有剛剛採收的皇宮菜、百香果。食材主要來自自家農場,或購自有生產履歷的在地小農,可食用的花朵、香草也採摘自農場。

個人套餐含多道繽紛的蔬食，都藏有創意巧思。梅居的「焗烤天貝」使用印尼傳統食材天貝，是使用有機黃豆製作的大豆發酵食品，含有豐富蛋白質，與香蕉一起焗烤，吃起來有豆製品的口感，還有熟果香氣。

「福圓苦瓜」使用龍眼乾、豆豉燉煮苦瓜，加上梅居自釀的紫蘇梅汁，凸顯出苦瓜的甘甜，怕吃苦的人也能接受。楊安心對這道蔬食頗感自豪，「很多客人說討厭苦瓜，但吃了我們的福圓苦瓜就改觀了。」「蜜菓芋棗」為臺灣小吃炸芋棗的改良版，傳統做法是芋泥包裹鹹蛋油炸，梅居將內餡換成了蜜餞化應子，外酥脆，內酸甜，吃起來多一點清爽。梅居最有人氣的菜色「香菇素燥」，不同於市面一般素燥使用大量素料，梅居主要以金針菇、香菇加入大豆蛋白，可以吃到許多菇類，相當適合淋在白飯大口吃上一碗。

香菇素燥 ▶

打包人氣料理 訂了才做

由於很多客人吃完還想外帶，梅居推出冷凍的私房料理包，可以把香菇素燥、福圓苦瓜與蜜菓芋棗三款人氣料理帶回家，在家加熱即食，而且皆是客人下訂之後才現做。

食農小學堂　日本媒體報導「鮮花營養不輸蔬菜」所以在日本掀起吃花朵熱潮。新鮮的可食用花不僅每一種花的口味獨特，料理時擺盤上也好看，而且花朵的營養及香氣能讓用餐成為身心上的享受，更由於食用花在種植過程不能使用農藥，所以成為餐飲界特殊的新食材。

梅居餐飲為使用當季時蔬的無菜單料理，需預約，個人套餐有兩種價位，6 菜 1 湯加飲品 450 元，8 菜 1 湯加甜品 600 元。若有全素、五辛素等需求，請於預約時告知。營業時間為 9:30 至 17:00，週一公休。

必買 香菇素燥、福圓苦瓜、蜜菓芋棗冷凍包
必吃 無菜單蔬食料理

梅居休閒農場
臺北市士林區平等里平菁街 43 巷 99 號
0905-169176

從魚卵到巨魚 遇見活化石的一生

千戶傳奇

膠原蛋白滿滿的
鱘龍魚料理！

千戶成立至今約 35 年，從民國 76 年開始，養過鱒魚、鰻魚、香魚、鱸魚、鱘龍魚，以及原生種臺灣鬥魚等各式各樣高經濟與稀罕魚類，也是臺灣很早就擁有魚卵孵化技術的漁場，在業界頗有名聲。全球鱘龍魚約 28 種，千戶最多時共有中華鱘、歐洲鰉、史氏鱘、西伯利亞鱘、俄羅斯鱘與鴨嘴鱘等多樣品種，曾是臺灣鱘龍魚數量與種類最多的漁場之一。男主人林典，30 多歲來到三峽溪谷間養魚，從一開始的門外漢，到後來發憤圖強前往密西西比河流域鴨嘴鱘原產地跟美國人學養魚，30 多年下來，已是業界知名養魚達人。女主人葉福花經典語錄是「腥與鮮只在一線間」，30 多年來先生養魚，她則努力專研廚藝，精湛廚藝讓千戶傳奇的料理極有口碑。

鱘龍魚 從活化石到魚子醬

如果要簡單形容鱘龍魚的特色與優點，兩個字就可以打趴一堆魚，那就是「無刺」。對的，鱘龍魚是沒有魚刺的魚，因此非常適合老人與小孩，沒有刺卡喉嚨的風險。之所以沒有魚刺，主因鱘龍魚是 2 億多年前白堊紀時代子遺下來的活化石，它們不像一般魚類透過魚刺支撐身體或用魚鱗保護自己，而是在腹部與胸內各有兩條堅硬骨板，加上背部合計 5 條，藉著這 5 條堅硬骨板，因此鱘龍魚體型巨大，渾身肌肉與膠質。

因臺灣目前仍無鱘龍魚孵育魚卵技術與氣候條件，需要靠國外進口，加上通常飼養 2、3 年後才能運用，因此價格並不低，平均 1 公克 1 元。對歐美來說，鱘龍魚更大價值是魚子醬。鱘龍魚品種眾多，其中 Beluga 歐洲鰉魚子醬最貴，其次為 Osetra 俄羅斯鱘，第三名為 Sevruga 閃光鱘，其他則相對沒那麼天價，但通常 1 公克也要 3、

科技化的養殖方式（上）▶
鱘龍魚嘴部造型特殊（下）

40元。原因主要在於多數鱘龍魚7年才成熟，甚至有的將近20年性成熟後才有卵，時間、飼料與電費等養殖成本極高，且魚子醬製作有一定門檻，千戶傳奇則是臺灣少數擁有自製魚子醬技術的養殖漁家。

典哥花妹 相互扶持 30 年

林典與葉福花這對夫妻，從年輕開始上山養魚，曾經風光也曾歷經許多波折。例如當年剛引進鴨嘴鱘，小魚怎麼養怎麼死，後來到美國學習，養魚有成卻在即將收成時整池被偷走。或是養鰻魚在高價時買進魚苗，結果等養大成鰻，養殖成本1斤230元，鰻魚市

價卻跌到1斤剩80元，只能慘賠。最苦是2015年蘇迪勒颱風，一場大風雨引發溪水暴漲，半夜被驚醒時整個農場泡在水中，4萬多尾鱘龍魚被大水衝到只剩4千尾小魚苗，連咖啡廳整棟建築都被沖走，30年心血瞬間歸零。但他們都能從淚眼中看見對方，總是牽手相互扶持。這一天，典哥下池抓魚泡到全身濕，花妹岸上看著他，柔情的說：「這位就是我最親愛的濕背秀老公。」

鱘龍魚饗宴 飯店等級水準

鱘龍魚體型壯碩，肉質卻意外地鮮嫩，最經典的還是清蒸。由於都以低溫山泉活水養成，千戶傳奇的鱘龍魚毫無土腥味只有鮮甜，每一尾都養足至少2年到3年讓其肉質緊實卻又不過硬乾柴，簡單清蒸之後，鱘龍魚的鮮甜與膠質口感清晰地化在口中。

◀ 千戶傳奇菜色精緻優美（上）
　鱘龍魚骨養生湯（下）

膠原蛋白　鱘龍魚精華所在

鱘龍魚更大的價值就在它的骨板與龍髓。早年花妹不知，每天一堆鱘龍魚脊髓裡的筋都拿去餵雞，骨板都丟棄，後來嘗試把骨板做成裝飾品，也嘗試以長時間熬煮提煉，發現一大尾鱘龍魚每尾能熬出 100 公克的魚膠凍，經化驗也證實整個都是膠原蛋白。

從此鱘龍魚膠原蛋白成為千戶傳奇招牌商品，熬製之後急速冷凍，食用前稍微退冰後口感就像冰沙，全部退冰後飲用則是膠原蛋白飲，更可當成高湯塊使用，瞬間一碗清湯變成口感濃郁的膠原蛋白湯，常有客人整箱整箱買回，非常受歡迎。

各式鱘龍魚饗宴都是千戶拿手招牌，包含清蒸鱘龍魚、糖醋鱘龍魚柳、養生燉煮鱘龍魚骨湯、現涮鱘龍魚片、養生麻油鱘龍鰾、大紅袍鱘龍魚、鱘龍魚干貝 XO 醬等等，選用採購自當地農家的時令野菜、竹筍等等。吃魚同時，那一壺「七葉膽茶」也別錯過，富含 80 餘種皂苷成分，號稱「南方人參」且滋味很好的一杯茶。

食農小學堂　鱘龍魚的營養價值是所有的魚類當中最高的一種，因此很多人也會稱鱘龍魚是「龍的化身」，而著名高級魚子醬也是用鱘龍魚卵製成。

千戶傳奇相關的鱘龍魚商品非常多，包含冷凍魚片、冷凍養生魚骨湯、膠原蛋白飲、魚子醬十多款，許多都是熱賣商品。菜色相當多變，一般享用很適合，如果要宴客可以提前預訂與溝通，千戶傳奇的宴客擺盤與多樣好菜色，滿意度極高。

必買 鱘龍魚膠原蛋白

必吃 清蒸鱘龍魚、糖醋鱘龍魚柳、養生燉煮鱘龍魚骨湯、現涮鱘龍魚片

千戶傳奇生態農場
新北市三峽區有木里有木 154-3 號
02-26720748

春 桃園平鎮 暖心的幸福滋味

巧婦米食烘焙點心坊

像白雪一樣軟綿綿的
幸福滋味！

每個禮拜二跟禮拜四下午，桃園平鎮農會的好農咖啡廳與供銷部就會擠滿人潮。他們不是來買菜，也不是來存款，他們要搶的是剛剛出爐的「冰種吐司」。

這個搶買吐司盛況，大概從民國 100 年桃園平鎮農會「巧婦米食烘焙點心坊」田媽媽成立後的隔年就開始。一開始是回頭客愈來愈多，後來是口碑愈傳愈廣，常常有人一訂100 條甚至 200 條，幾位田媽媽們手工製作體力不堪負荷，改成限定禮拜二、四固定製作 80 條到 100 條間，數量不多、需求卻愈來愈高，搶買盛況就這樣持續至今已經 10年，依舊熱門。

只要吃過冰種吐司就知道為何要搶。幾位田媽媽烤吐司很龜毛，會提前一天揉麵團，直到麵團可拉出具彈性的薄膜後才放入冰箱靜置 12 小時讓其低溫發酵，隔天進爐烤出來的吐司柔軟濕潤，入口就像合歡山上的白雲軟綿綿卻又厚實有口感。不宅配，但可預訂，沒預訂就要靠手腳快與運氣足，買到後馬上來一口，就會滿口幸福滋味飄散唇舌間。

▲
好農咖啡屋可以品嘗到田媽媽的商品（上）
剛剛烤好出爐的冰種火腿起司吐司（下）

桃園平鎮 都市型農會堅持生產稻米

平鎮地名是早年清朝客家移民在此防衛以保平安，舊名「安平鎮」，日治時代因地名簡化政策將臺灣多數地名都改為兩個字，因此更名「平鎮」。平鎮與中壢緊緊相連，都市化程度很高，23 萬人口中約僅四千位農會會員，但特色在於此處是臺灣率先種植「臺農秈 22 號」品種的農業區。

臺灣稻米主要區分在來米（秈稻）、蓬萊米（梗稻）以及糯米，目前95％以上都是蓬萊米，也就是我們日常食用的白米。蓬萊米是

日治時期引進，而在來米就是臺灣最早期種植、類似泰國米或印度米那種長條型、少黏性的白米，目前極少農夫耕種，且多數作為製作蘿蔔糕、碗粿等米食加工品。平鎮種植就是改良後的在來米，也是臺灣第一款長條形香米，單吃就好吃，號稱有點黏又不會太黏，且帶著很好的蓮花香氣，目前平鎮農會標榜「石門水庫直灌區優質好米」並以「秈香米」品牌對外行銷，並同時將其磨成米穀粉加入田媽媽烘焙產品中，加入米穀粉降低麵粉比例減少麩質過敏機會，並促進稻米產品銷售，這也是巧婦米食烘焙點心坊的特色。

巧婦米食烘焙點心坊位於平鎮農會大樓內，烘焙空間因為衛生因素不對外開放，各項烘焙品除了在供銷部販售，也在全新推出的「好農咖啡屋」販售，咖啡屋就在農會旁，設計典雅明亮並充滿稻米元素，成為不少當地人的愛店。

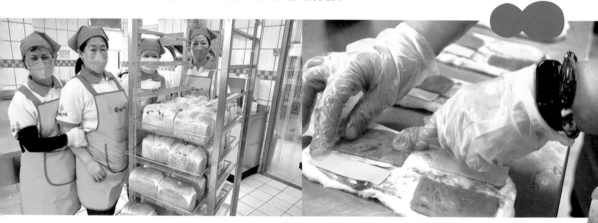

▲ 最幸福的時刻，吐司烤好出爐

一群溫暖可愛的巧婦

桃園平鎮已經相當都市化，但農會仍努力照顧著人數愈來愈少的農民，該有的農業技術輔導與家政班訓練課程都沒比別人少。目前田媽媽成員基本上就由在地婦女家政班成員組成，4 位田媽媽每週二、四來到農會一起揉麵團、烤吐司、做米捲、烤戚風蛋糕，婆婆媽媽話家常，小小烘焙坊中總是充滿了溫暖與歡笑。

冰種吐司　10 年來持續熱賣

桃園平鎮巧婦米食烘焙點心坊第一大招牌就是「冰種吐司」。一般說來，麵團製作區分湯種、中種、液種、直接法等數種，隨著製程的不同，影響了香氣、柔軟度、溼潤度、保存時程等。平鎮田媽媽以中種法製作，並以冷藏發酵，前一天揉好麵團後進冰箱低溫

發酵 12 小時，因此稱「冰種吐司」，特色在於口感非常濕潤柔軟但又厚實，就如高山上的雲朵，慢慢咀嚼有一種富足感，並且會有自然的甜味散發在口中。

冰種吐司早年都是原味，後期因應需求陸續開發多樣口味，例如固定週二出爐的芋頭吐司、全麥吐司、紫米核桃吐司等；或是週四出爐的葡萄吐司、紅豆吐司、火腿起司吐司等等。

▲ 熱賣商品一出爐就銷售完畢

蛋糕或鳳梨酥　多樣烘焙商品都可預訂

除了招牌的冰種吐司，平鎮田媽媽也開發不少添加米穀粉的烘焙品，例如秈米鳳梨酥、戚風蛋糕、龍鳳喜餅、綠豆凸、芋頭酥、炫風奶黃酥、咖哩肉燥酥等等，多樣烘焙商品只要達一定數量，都可預訂並客製化，不少熟門熟路的老顧客都會來此訂購當成禮品或彌月蛋糕。吐司更經常有人一訂上百條，非常熱銷。

食農小學堂　米穀粉可區分為生粉及熟粉兩大類，將精白米經浸漬、濕式研磨成粉、乾燥等加工步驟製成之米穀粉，即為生粉，如元宵和冬至吃的湯圓，春節的應景蘿蔔糕和年糕、碗粿等皆是以生粉製作；熟粉則是將米粒以蒸煮、焙炒等方式加熱熟化，常使用於米麩、鳳片糕、雪片糕及糕仔崙等。

巧婦米食烘焙點心坊目前只於每週二、四下午固定出爐，並有數量限制，要購買前最好先電話預訂，或是達一定數量就可特別開爐。這四位田媽媽平常都是家庭主婦或自有烘焙工作室，都有深厚的烘焙年資與技術，來到農會田媽媽，為的就是相聚一起說說笑笑，開心紓壓，也同時把美味與健康烤給大家。

必買 秈米鳳梨酥、戚風蛋糕、龍鳳喜餅、綠豆凸
必吃 冰種吐司、芋頭吐司、葡萄吐司

巧婦米食烘焙點心坊
桃園市平鎮區南東路 2 號
03-4395333#166

春

苗栗西湖

親密母子共營 甜蜜園林荷葉飄香

秘密花園

彈不膩的
東坡肉

▲ 優雅愜意的環境。

深處於苗栗市與西湖鄉交界處的山谷裡，偌大的園區營造得井然有序，無論平台、斜坡儘是讓人舒坦的草地，二十年來的小樹變大樹，蓊鬱蒼蒼，園間四時輪流綻放的花開燦爛。以園藝起家的「秘密花園」，這一切在外人看來似乎理所當然，然而，夫妻倆人胼手胝足、從無到有打造出的園林，細細思量品味，真不簡單！

從臺北隨著丈夫來到苗栗山間的女主人，本只協助園藝事業，卻在這裡發掘、展露料理長才，在景觀餐廳方興未艾之際，便善用自家園林之便，加上自己的勤學深研，營造出可享美食佳餚、可放鬆喝茶聊天的靜謐天地，特別是荷葉相關料理對顧客而言是驚艷，在她的人生歷程中，也是一個美麗的轉彎。

而今，子女陸續回到家鄉，從料理餐飲，從山林園藝，隨著父母學習，一起討論研究，傳承並開啟另一頁生活新章。

園藝女主人變身創意料理大廚

印象中的苗栗縣西湖鄉，多在鄉治所在的西湖溪兩岸的平野鄉間，位屬該鄉金獅村的田媽媽「秘密花園」，卻在非常靠近苗栗市的淺山林內，距離主要道路「苗 28 鄉道」還有一小段距離，四周只有山林圍攏，在沒有導航的年代，著實是座秘密花園，獨享靜中之靜。

這樣的環境對於遊客宛若化外桃源，但當初要從一片雜草密林中，闢建創業安居之地，談何容易！苗栗農工畢業的鄭新榮，原本在新北市的私人花市擺攤、從事設計園藝造景，二十幾年前買下這片山林，引溪澗注入兩座水池，整地搭蓋花房，兩夫妻專心於園藝盆栽的事業，當年連田尾的花商都會來此挑選購買，雖似遺世獨處，山中歲月倒也靜好。產業大量外移之後，園藝盆栽的生意大受影響，都市成長的女主人徐莉華，當下決定從自己做轉變，逐步踏上轉型之路。她加入農會家政班，進入田媽媽系統接受輔導，學習挑選食材、研發料理、煮咖啡、做甜點、考證照，花圃基地上蓋起的雅緻紅磚建築，就這樣變成一座擁有池塘、綠地、大樹與繁花妝點的園林景觀餐廳。

徐莉華對餐點相當講究品質與細節，不分主副菜，樣樣細緻琢磨，才能讓餐廳持續經營 20 年。

本想退休了，「孩子願意接著做，自然就繼續幫忙顧前顧後，聽聽他們的想法，適時提供些意見，他們的心會比較安」，看著一對兒女專注於料理的鑽研與餐廳營運，年近七旬的先生，也還能持續熱衷於他的園林植物，「就繼續在好的地方，做好的食物分享，好好過日子」，徐莉華柔柔地說著，嘴角略略揚起，流露出安慰的滿足。

東坡肉圈粉無數　荷葉飯集大成於一身

「所謂在地，或可擴大為全臺優良的農產品，大家一起推薦好的東西，一起共好」，徐莉華如是說。招牌之一的東坡肉，從食材的選擇開始就有思量，一塊肉的肥瘦比例，厚薄程度，蒸煮、燜熟的反覆過程如何拿捏，都關係著肉質軟嫩 Q 彈，味道濃郁饒富香氣。

原本主菜每隔一段時間會做更替，但就是有客人非它不可，還曾有一位小姐因為父親生前最愛這道菜，祭祀前專程前來購買，這道東坡肉於是常駐於菜單上。

用料講究的荷葉飯，用自家種植的荷葉包裹，其中可吃到臺灣的圓糯米、新社的香菇、白河的蓮子、後龍的花生、澎湖的金鉤蝦，以及西

秘密花園的東坡肉講究慢火燉煮。

湖在地的黑毛豬肉與南瓜。

個性沉穩的鄭豪返鄉跟著媽媽學習廚藝，無論主菜的香茅東坡、客家醬鴨、荷葉飯、麻油雞、孜然烤肋排、清燉羊肉，或是南瓜鮮菇鍋、麻辣豆腐煲等素食料理，逐一掌握住料理的講究，配菜如茶碗蒸、百香果薯泥，也都仔細對待。「哥哥對食物的觀察處理細膩，很有想法」，總是笑瞇瞇的鄭寧說著，「我呢，可以提供品嚐建議啦」。

其實，鄭寧對飲品、糕點是有興趣的，店內受歡迎的「柚子凍飲」就是她運用家裡生產的柚子醬、綠茶與薄荷葉調製而成。其他像是搭配下午茶的蘋果派、薯來寶（地瓜糕），也都出自她的手藝。

自家的柚子醬製▶
作成受歡迎的柚子凍飲。

園區廣闊，有大草皮讓孩子自在翻滾，綠樹成蔭，環境宜人，很適合靜坐發呆。餐點以個人套餐為主，30 人以上預約可提供自助式團體百匯，入園費可全額抵消費，營業時間 10:00—16:00，供餐時間 11:00—15:00，週二公休。

必買 柚子醬
必吃 東坡荷葉飯、柚子凍飲

田媽媽秘密花園
苗栗縣西湖鄉金獅村茶亭 6-1 號
037-923029

春 苗栗三義 天然色彩料理 繽紛上桌

卓也小屋田媽媽

色彩繽紛的料理
好可愛！

原以蔬食料理擁有穩定客源的卓也小屋，因為認同「田媽媽」的理念，特別在園區幽深林間，另闢「藏山辦桌」，也是苗栗三義雙潭休閒農業區內，唯一的田媽媽餐廳。

所謂「藏山辦桌」，卓也主人卓銘榜想要傳遞的是，用在地與新鮮食材，諸如土雞、黑毛豬、南瓜、竹筍、芥菜等，料理出如同「辦桌」一樣的豐盛與熱鬧，讓來客在深藏山林的空間不受干擾，盡情歡聚，餐前餐後還可就近散步於錯落著水塘的花園中。

以藍染另創產業特色的卓也，持續在該領域深耕，近年來也積極以對於植物染熟稔的知識經驗，拓展運用於食品的範疇中，確立「以天然色彩入菜」的基調，用百分百的植物原料，取代人工色素，紅、黃、藍可調出的多種色彩，在可口中增添美感，陸續研發出桌菜菜餚、甜點，以及許多適用於下午茶的蛋糕、鬆餅乃至冰品，糕餅類也陸續成為卓也的伴手禮。

只有男生的田媽媽班

依著山林而行的 130 縣道，層次的綠意撲疊，午後迷霧飄忽掩至，無論桃李季節或油桐花開，四季皆漾著野趣詩意；從西側的三義，翻過山嶺到東側的大湖，串連「雙潭」與「薑麻園」兩座休閒農業區，「為了一隻貓頭鷹，買了一片山林」的「卓也小屋」就是雙潭休閒農業區極富創意與活力的一員。

卓銘榜農藝系畢業，原本做園藝造景，某日來到三義遇見貓頭鷹幼鳥，竟買下這片自成一格的梯田山林，慢慢打造出有著穀倉、茅屋、水塘的山間小聚落。熱情的他為了活絡整個休閒農業區，還曾邀集區內拿鋤頭耕作的大男人，組織了只有男生的「田媽媽班」，持續舉辦過好幾年、席開近百桌的「名鋤擺桌」，後來索性就在卓也園區內，建起了「田媽媽藏山館」，提供團體合菜料理。

▲ 獨特幽靜的空間。

卓也小屋的蔬食早已做出名號，卓銘榜支持「田

從喜愛成為藍染專家

學的同樣是農藝相關，曾任教職的鄭美淑，與先生「卓也」一起來到山間，發現這裡的濕度非常適合種植早年做為染料的植物「大菁」，本就喜愛植物染的她，開始復育大菁、建打藍池、關工坊，一股腦兒地投入藍染的世界中，逐漸形塑出園區另一項特色鮮明的產業，卓也藍染。熟悉染料植物的特性，夫妻倆開始將它們延伸至餐飲製作中，除了大菁的藍，還開發出紅色、黃色，廣泛運用於桌菜菜餚與下午茶點中，同時滿足味覺與視覺的享受。

媽媽」的理念，另關「藏山辦桌」滿足客人葷食的需求，館舍位置獨立於園區之上，分別有一座森林內的玻璃屋，以及四合院形式內的餐廳，拉門收起，就可與天井連成更大的通透空間，桌椅擺出，的確有在禾裡辦桌的氛圍。因應疫情，也以桌菜為基底，開發出同樣豐腴的個人套餐。

染料植物入菜 豐富體驗

卓也田媽媽藏山辦桌，提供旅客葷食的需求，諸多菜色中諸如蔗香蹄膀、油雞腿、煙燻甘蔗雞、筍片炒肉條、酸菜排骨湯，多能體現客家地區辦桌的特色，特別使用紫米、白

▲ 以青黛、薑黃、恭菜根為染料的彩色粉粿冰
　與酸菜包。

米綜合的五穀飯，彩色酸菜包，以及自家熬煮的鳳梨醬入味的彩色粉粿，則呼應者「以顏色入菜」的創新思維，全然採自植物的藍色、紅色、黃色，也積極展現在各種餐飲中。染料植物入菜的想法，起源於當初要做食農教育推廣，鄭美淑說，可以做為染劑的植物、水果很多，我們都一一嘗試。藍色來自打藍過程中產生的「青黛」，少量粉末狀的青黛便能染出漂亮的藍色，它也是一種清涼解熱的中藥材，微量運用於食物染色，完全無礙。紅色試過紅肉李、火龍果、洛神、紫蘇都可以，後來發現成色較穩定的是恭菜根，也是目前主要的來源。黃色使用的則是薑黃與水梔子，薑黃是咖哩的主要香料之一，若黃色食物不想味道太重，則使用水梔子。

市面上的染色食品很多，像是湯圓、粉粿等，但多使用食用色素，卓也「色彩食物」的顏色全都來自天然的植物，完全不會造成身體的負擔。卓也做出紅、黃、藍三色的酸菜包、三色的麵條、麵線也已經是成熟的產品，園區內的幾處餐食、下午茶空間，也可以品嚐到味美且繽紛的食物，如五彩粉粿鳳梨冰、霜淇淋、乳酪蛋糕、鬆餅。此外，綠豆糕、雪Q餅等糕餅類產品，也用同樣的概念，逐漸進入量產階段，成為餐廳的甜點與伴手禮。

藏山館主要提供桌菜，因應疫情的嚴峻，目前也開發出豐富度不減的套餐。藏山館擁有獨立的空間，稍稍往下走去，就有水塘、花園可供散步，適合團體、一群朋友、一家人，在此辦活動也挺適合。週三到週日提供中餐、晚餐，週一、週二公休。

必買 酸菜包、三色麵條、三色麵線
必吃 蔗香蹄膀、油雞腿、煙燻甘蔗雞、筍片炒肉條、五彩粉粿鳳梨冰

卓也田媽媽藏山辦桌
苗栗縣三義鄉雙潭村崩山下 1-5 號
037-879198

春

苗栗大湖

抓住記憶的滋味 傳承精進薑麻料理

雲也居一休閒農場

融入牛汶水創意的
薑汁布丁

「曾經説過不喜歡做菜，沒想到開了餐廳」，涂育菁談起媽媽彭麗貞的故事，笑意中帶著暖暖的感激。這間餐廳與自家農場承載著兩代青年返鄉的深厚情感。

苗栗大湖「薑麻園休閒農業區」內的「雲也居一休閒農場」，前身是由涂兆榮、彭麗貞夫妻攜手創立的「雲洞山觀光農場」，從單純的農事生產，率先成為區內第一座「觀光果園」，繼而開始餐飲生意，彭麗貞接受田媽媽的輔導後，運用在地食材創新，結合傳統客家滋味的料理，整個廚藝大爆發！家中獨子回鄉幫忙父母的農作與餐廳，涂育誠不但抓住媽媽拿手料理的記憶滋味，與姐姐共同接手餐廳經營，掌握住食材巧用的精神與技法，守住傳統也要與時俱進地在呈現上追求精進。

兩代「先鋒」為家鄉農業展新機

從臺 3 省道轉入 130 縣道，蜿蜒中，海拔漸次抬升，直到聖衡宮過後的公路高點，這個區塊因早年多種植客語的「薑母」而稱為「薑麻園」，後來成立的休閒農業區也沿用這個名稱。

薑麻園地區海拔大約七百多公尺，南邊 889 公尺的小百岳關刀山橫亙，讓這個地區經常籠罩在雲霧之中，氣候條件與土質非常適合薑、桃子、李子、高接梨、草莓等作物生長。薑麻園休閒農業是從傳統農作、觀光果園漸次轉型而成，「雲也居一休閒農場」的兩代人就是經歷改變浪潮的家庭之一，更巧合還在於，他們都是年輕時被召回接續家業，且都站在尋求改變的「先鋒」位置。

涂兆榮、彭麗貞夫婦率薑麻園農戶之先，於民國 72 年轉型為「觀光果園」，來自長輩的壓力幾乎招架不住；兒子涂育誠接了部分的農園耕作之後，也因為「友善耕作」與父母親展開長期拔河。「雲洞仙居農場」經營有成，更名後的「雲也居一休閒農場」則是目前全區唯一完全不用農藥化肥的農場，作物成果已然受到消費者認同。

雲也居一農場友善栽種的紅肉李 ▶

二代傳承
讓農業價值被看見

正式接手餐廳的營運，涂育菁、涂育誠姊弟完全抓住媽媽傳承下來的好滋味，疫情期間餐點供應方式從以往的合菜改成套餐，主菜保留若干桌菜時的招牌料理供客人挑選，副菜則以當季在地食材精心搭配，讓它們美好與價值可以被充分看見，這樣的改變，也為餐廳增加了以往較少的年輕族群與家庭親子客層。此外，帶客人進入自家農園，從餐廳延伸到食農教育的體驗，讓客人了解農作，進而重視農作。

當年讓遊客入園採果，現在帶遊客走進農場進行食農教育，方式雖不相同，進步則一。

雲朵麵　薑料理　溫暖記憶好滋味

從「雲洞山」、「雲洞仙」、「雲洞仙居」到「連雲也居住在一起」的「雲也居一休閒農場」，擁有濃濃親情牽繫的自創麵食，也與雲緊緊相連。

這道「起飛雲朵」源於媽媽彭麗貞為了讓孩子吃得飽足，靈機乍現用了樹薯粉做出像極了雲朵的麵疙瘩，再用客家傳統爆香的方式，加入肉燥、青菜煮成豐富的麵湯。「起飛雲朵」的重點之一在於乾煸爆香的肉條，吃得到肉的紮實感，遇到湯汁更散發出濃郁的香氣；此外，有點類似客家鹹湯圓的湯汁，光是紅蔥頭豬油爆香、肉的前置處理作業

◀ 起飛雲朵是道充滿回憶的獨家料理

等工序，繁複費時，在在考驗拿捏的火候。掌廚的涂育誠說，人對味道絕對是有記憶的，很多菜都是憑著記憶中的味道，去尋找方法、答案，如實地還原呈現，「起飛雲朵」是其一，因為有這些記憶的訓練與實踐，所以我們可以接得下媽媽料理的味道。

香薑雞也是傳承媽媽的招牌料理之一，用在地的老薑、蒜頭去煸香，加入新鮮雞肉、醬油爆炒，過程中不加水，九層塔、辣椒提香後起鍋，肉滑潤多汁，小火讓煸炒過後的薑味與雞肉結合，薑片因此去了相當的辛辣，也成了好吃的主角之一。套餐中的多樣配菜，一如主菜精心調理，醃蘿蔔、紫蘇梅、梅干苦瓜等漬物都是時間的醞釀，柴魚豆腐軟香好入口，符合年輕人口味，老少也都易食；小分量的客家小炒，風味與桌菜時完全相同；做為甜點的薑汁布丁，使用宛若客家「牛汶水」般熬煮黑糖薑汁，佐以芳香萬壽菊點綴提香。薑汁撞奶也是開店至今的超人氣飲品。

食農小學堂　薑為亞熱帶作物，也重要料理上所謂的香辛類，溫和爽朗的天氣最適宜生育，因此每年冬季時地下根部便進入休眠，到隔年春天氣溫回升後才又重新萌芽。薑在臺灣種植期間為每年 12-3 月，高雄及嘉義地區之設施栽培於 12 月種植，南投及臺東等地則在 1-3 月種植，因此採收期由南至北，海拔由低到高。俗諺「薑是老的辣」當根莖已呈完全成熟老化，莖肉縮瘦，外皮粗厚而多纖維，汁少辣味強，稱為老薑，是俗稱登臺薑或薑母，老薑也會拿來做種薑繼續讓其繁衍，老薑不適合冷藏保存，容易使水分流失，若沒有切過，可放在陰涼通風處保存。

雲也居一休閒農場位居海拔近 800 公尺，即使夏天午後也可能微涼，帶件薄外套為宜。個人套餐主菜自選，還有多樣單點飲料甜點，官網有詳細的菜單。起飛雲朵應顧客要求，現在也有冷凍料理包與其他伴手禮一樣，可供外帶、接受宅配訂購。週一至週五 10:00—18:00，週六、日 10:00—22:00，週四公休。

必買　起飛雲朵冷凍包
必吃　起飛雲朵、香薑雞、薑汁布丁

雲也居一休閒農場
苗栗縣大湖鄉栗林村薑麻園 6 號
037-951530

阿嬤的麻芛湯 變身時尚甜點

麻芛糕餅工作坊

香生金林

像抹茶般的
麻芛粉

Lin Chin

Sheng Hsia

不同於臺灣各地做料理的田媽媽，麻芛糕餅工作坊推出的是糕餅。當店家將美麗的起司蛋糕、戚風蛋糕端出時，還會以為這是新式的創意糕點店。

麻芛糕餅工作坊由臺中南屯餅鋪「林金生香」設立，已有一百多年歷史的林金生香，近年將賣餅的傳統店鋪，改成文青風的潮店「研香所」，提供下午茶與甜點。別看老店翻新，其實骨子裡賣的還是很在地、很傳統的滋味。研香所刻意保留老屋的土埆與紅磚，甚至把老街騎樓的紅磚拱門都包進來，坐在店裡猶如時光倒返。甜點與飲品則是以臺中最具特色的麻芛為素材，用最容易接近的方式，讓年輕人有機會品嚐陌生的古早味，這就是研香所企圖營造的親密機會。

百年老店傳五代 代代有故事

麻芛糕餅工作坊的故事，要從清同治五年（1866）開始說起。第一代林旺生來到臺中南屯老街，亦即今日的萬和路，是南來北往的交通要道，老街上有座香火鼎盛的萬和宮，是南屯信仰中心，林旺生就在街上做麵製品，麵條賣得最好，相當於今日的人氣商品。當時的南屯，流傳一段話：「旺生打大麵，望下一袋（代）。」意思是麵條供不應求，要等很久，誇張的形容說下一代才買得到。

第二代林阿塗，以麵龜出名，人稱「麵龜阿塗」，時值日治時期，麵粉是配給制，店家沒有多餘麵粉，需要的客人必須自備，雖然麵粉珍貴，但是為了每年農曆三月萬和宮媽祖生的大日子，人們無論如何都想做些麵龜幫神明祝賀；或者是結婚生子等人生大事，也要向林阿塗訂麵龜。有趣的是，由於「麵龜阿塗」名氣太響了，直到現在，店裡還偶爾接到來電詢問：「喂，是麵龜阿塗嗎？」那絕對是老臺中人的稱呼法。

餅鋪名號從開始的「金生香」，日後加上姓氏成為「林金生香」。之後，由第三、四代媳婦撐起一片天，如今第五代林宜勳、林宗翰姐弟也投入家族事業。投注

在研香所可品嚐各式麻芛糕餅（上）▶
研香所店裏展示的傳統糕模（下）

麻芛的「革命家」

林金生香一直以來製作傳統麵食與糕餅,在第四代媳婦陳富美手上有了突破性改變。這位麻芛的「革命家」用巧手與創意,把台中人都熟悉的麻芛和太陽餅做結合,研發了具地方特色的麻芛太陽餅,也做成包子與狀元糕。一碗吃了2、3百年的麻芛湯,從此有了新吃法。

年輕活力後,民國 104 年再度整修老店,充滿文青氣息的「研香所」,成了老街遊客歇腳、品嚐下午茶好去處。

臺中版的「抹茶」甜點

所謂麻芛,臺中無人不知,但離開臺中,外地人一頭霧水。

「你很難相信,看似這麼簡單的一碗湯,要忙一個早上。」吃麻芛湯長大的林宜勳説,處理麻芛很麻煩,要撕葉片、搓揉,讓纖維軟化、去除苦味,而且愈搓愈黏,步驟雖少,但很花時間。再加地瓜、小魚干熬煮,是臺中人夏季餐桌上時常出現的一道湯,熱食或放涼吃皆可,既消暑、營養又能飽足,「我可以配上三碗飯。」她笑著説。黃麻在中部地區很好種植,不需要農藥,南屯產量最多,採收期在端午至中秋期間。林宜勳指出,雖然近代有人改種苧麻,滋味較不苦,但她堅持只用黃麻,理由是黃麻味道才夠明顯,她固定與農家契作,再以低溫烘焙做成麻芛粉。

身為第五代的林宜勳與弟弟林宗翰,致力於研發在地獨有甜點,以麻芛

粉製作西式甜點，如起司蛋糕、戚風蛋糕等，讓傳統食材在外型與滋味都混搭出新意。「最難拿捏的是比例。」她解釋，希望有苦味，但又不要太苦，「到底要多苦」，苦味的拿捏令他們相當掙扎，「假如達到我們理想的苦，北部、南部人就會認為太苦，習慣吃甜的臺南人更會説『苦得要命』。經過不斷試吃、調整比例，成果令人滿意，例如麻芛起司蛋糕，以奶味平衡了苦與甜。林宜勳説，「難以想像麻芛滋味的人，可以想成這是臺中版的抹茶。」確實，剛入口微苦，味蕾經驗令人聯想到抹茶，但不同的是，帶有青草香，還能回甘。

▲ 麻芛也能做成西式糕點。
圖為麻芛起司蛋糕。

食農小學堂　芛為初生草木花，麻芛正是黃麻的嫩芽，17 世紀荷蘭人自印度引進黃麻。日治時期臺灣生產糖米外銷，需要裝袋運輸，黃麻的莖纖維可製作麻袋與麻繩，於是在中部地區大量種植。從前人們惜物，不能做麻袋的嫩葉就拿來吃、煮成麻芛湯。

林金生香近年將餅鋪移到萬和宮旁，原址整修開設「研香所」，提供各種麻芛新式甜點與飲料，成為遊客到南屯的歇腳站，也是打聽南屯在地文化的好所在。

必買 麻芛太陽餅
必吃 麻芛戚風蛋糕、麻芛生乳酪、綿密狀元糕

麻芛糕餅工作坊
臺中市南屯區萬和路一段 59 號
04-23899859

小半天風味餐坊

獨門招牌
在這裡

南投鹿谷是臺灣凍頂烏龍茶原鄉，也是孟宗竹故鄉。明清時代，大陸先民渡海來此開墾，那時從山下遙望此地，經常雲霧籠罩猶如位處半天之間，因此得名小半天。

劉家在此種茶種筍已經三代，在鹿谷凍頂烏龍茶產業最興盛時順順利利，沒想到天災後茶樹連三年無法收成，孟宗竹近10年後才陸續恢復生長，在參加農會家政班後，成立田媽媽，如今已成在地著名茶燻雞料理名店，也經常代表鹿谷鄉農會參加比賽得獎，料理口碑極好，常有人不辭千里前來，就為了嚐嚐那茶香滋味。

▲ 小半天風味餐坊是傳承三代的茶農，目前仍持續種茶中。

茶筍入菜 滿桌飄香

在臺灣茶葉發展歷程中，「凍頂烏龍茶」曾扮演非常重要角色，「凍頂」意指南投鹿谷鄉的凍頂山，此處茶區位於海拔 600 到 1200 公尺之間，當地因氣候土壤合宜且製茶技術好，加上茶農聚集與產業規模集中，曾一度是臺灣最著名茶葉產區，可惜隨著 921 時許多茶園受損，加上市場轉向高山茶且年輕人愛喝手搖飲少喝單品茶，茶葉市場快速萎縮，曾經處處茶園的鹿谷，如今茶園大多轉到杉林溪等更高海拔處。

孟宗竹冬筍更是鹿谷鄉特色，孟宗竹又名「毛竹」或「貓兒竹」，因竹身有許多細緻絨毛，摸起來有種摸貓般的舒服手感。冬筍香氣濃郁，筍肉細緻，用它燉湯好好熬煮 2、3 個小時能讓湯頭有著獨特香氣，傳統酒家菜魷魚螺肉蒜裡的筍片通常只用冬筍，與箭竹筍並列臺灣最貴的筍。

小半天風味餐坊女主人何素美出生臺中市，年輕時嫁到鹿谷山區，婚後與從小在鹿谷種茶的男主人劉世雄一起種茶採筍過得寧靜祥和，卻沒想到天災導致茶葉與筍子收入全斷，還有幾個小孩嗷嗷待哺，恰好當時鹿谷鄉農會開辦家政班餐飲研習輔導考照，加上

自己父親原本就是總鋪師，從小在餐飲環境中長大，從此單純的茶農筍農開始認真研究餐飲。或許是從小耳濡目染，也或許是天分，投入餐飲後，不論家政班或各種比賽，何素美總能幫鹿谷鄉帶回獎牌，在逐步累積信心後，開張了田媽媽小半天風味餐坊。

滿屋獎牌和證照的田媽媽

當年連續天災造成農作物幾乎無收成，劉世雄與何素美夫妻在面對困境時，沒有抱怨只是積極提昇自我能力，包含學廚藝、學解說、認識生態，短短幾年內，包含兩個小孩一家人積極考照與參加比賽，小兒子劉育成就讀餐飲科系時，在烹飪技能大賽中獲得多面獎牌與證照，並不時有媒體專訪介紹其料理。

烏龍茶葉燻雞 招牌必點

小半天風味餐坊位於鹿谷進入溪頭最主要的 151 縣道附近，這條公路有著許多甕缸雞，每家各有特色，而小半天田媽媽是唯一一家以自己種在杉林溪的高山烏龍茶燻香的烤雞，高山茶的清香，加上養足 4 個月的放山雞，連骨頭都帶著香氣。

杉林溪高山茶海拔約 1800 公尺，有著特別的高山韻。早年劉家茶葉主要種在鹿谷地區，921 地震後因茶根受損與低海拔凍頂茶市場萎縮，因此轉往更高山區種植。目前市面上以這樣高價位茶葉燻雞的餐廳極為罕見，單隻大肥雞 800 元售價也不特別高昂，這讓小半天這道茶燻雞極有口碑。小半天二代劉松杰說，茶燻雞手續繁多，每隻都必須至少兩小時製程，一定要先預訂。現場吃好吃，宅配也方便，許多人都是訂全雞不剁，宅配到家後手撕做潛艇堡，或是蒸熱後切盤，雞架熬湯更有獨特風味。

▲ 風味絕佳的杉林溪高山烏龍茶燻雞（上）
　口感獨特的茶香粽（下）

孟宗竹 冬筍春筍滋味各不同

獨門招牌還有這道「古早味醬筍肉丸子」，這是由暨南大學老師指導，獲選為觀光局國際魅力據點計畫的特色菜，以當地特產醬筍，挑選不同硬度各一些，再以傳統老菜瓜仔肉為原型進行滋味與外型調整，入口後淡淡筍香與豬肉鹹香，非常下飯，曾深受前任縣長夫妻喜愛。

另一道更特別的，是何素美將孟宗竹春筍，包入以茶葉炒過的肉粽內，成為口感與滋味非常獨特的「茶香粽」，咬下去有筍的脆、肉的鹹、茶的香，每口都香滑不油膩，目前也有企業看中大為讚賞，也許未來有機會進入通路，由此可見小半天餐飲滋味之魅力。

食農小學堂　孟宗竹冬筍更是鹿谷鄉特色，孟宗竹又名「毛竹」或「貓兒竹」，因竹身有許多細緻絨毛，摸起來有種摸貓般的舒服手感。冬筍香氣濃郁，筍肉細緻，用它燉湯好好熬煮 2、3 個小時能讓湯頭有著獨特香氣，傳統酒家菜魷魚螺肉蒜裡的筍片通常只用冬筍，與箭竹筍並列臺灣最貴的筍。

小半天風味餐坊因地處山區，除了自身生產的食材外，其他各項食材較不穩定，因此採無菜單料理方式供餐，客單價從 350 元起到 600 元不等，可客製化，但建議一定要先預訂，特別招牌烏龍茶燻雞不宜錯過。另外若想更認識鹿谷鄉與周邊物產，也可向老闆預約解說，以在地人觀點帶領深入地方小旅行。

必買 茶香粽
必吃 茶燻雞、古早味醬筍肉丸子

小半天風味餐坊
南投縣鹿谷鄉竹豐村中湖巷 3-5 號
0919-743732

雞豬蔬果食材 自家生產新鮮上桌

大坑休閒農場

獨門爽脆漬筍
好好吃！

「只要土雞城菜單上的料理，我們都做得出來，但，我們更想做的是『會讓人想念的菜』」，目前掌廚的大坑休閒農場二女兒蔡佳儒說。的確，大坑農場有很多「回頭客」，其中，還有不少是在竹筍產季一定會上山。

農場的前身是養雞場，整座山是他們的蔬果園，女兒口中「木訥但脾氣超好」的主人「蔡爸」蔡澄文不只養雞精通，飼養的迷你豬一直是人氣熱銷品，凌晨就起身去割的竹筍，以及自家栽種的蔬菜、水果，這些都被女主人「蔡媽」陳玉女變成一道道新鮮實在的美食佳餚，成為轉型休閒農場很重要的特色之一。

蔡佳儒從媽媽手中習得好手藝，小學五年級能煮整桌宴客菜，不到 20 歲就參加廚藝競賽、美食展、接受許多媒體的邀約採訪，還隻身前往新加坡、馬來西亞推介臺灣料理，不僅保存媽媽手把手傳下來的滋味，也不斷嘗試開發新菜色，即便是第一次到大坑休閒農場田媽媽餐廳的旅客，只要跟雞、竹筍、野菜有關的料理，點下去就對了！

從養雞場到休閒農場

進入農場，綠樹圍攏的大片綠地上，母雞帶著小雞與白鴿一起閒逛踱步，彩色迷你豬不時也會走到腳邊，農家日常的生活環境，很自然地就讓人放輕鬆。

世居台南新化大坑山區，蔡澄文退伍後便陪著在山林耕作的父母，在此處開起養雞場，民國 77 年因環境優良，被選為飼養蘭嶼種迷你豬的農戶，雞與豬後來就成為農場餐廳的兩大強項。

以往都把雞隻賣到土雞城、傳統市場，但價格受到開放進口的衝擊狂掉，蔡爸看到休閒農業正要興起，決心嘗試轉型，出外去上課進修，建置登山步道、流籠索道，讓遊客有親山踏走的環境；蔡媽心想，我們本來就養雞、養豬、種各種蔬菜，山上也有竹筍，不如自己煮，除了貫常的耕作、市場賣菜，也開始大展廚藝，光是雞，就能做出

在大坑農場住一晚很放鬆 ▶

蔡澄文夫婦共同創建的大坑休閒農場，由山林間務農、傳承、轉型，三個女兒從小跟著看、跟著學，漸漸學著接手，幾十年間的過程中，意見不同、激烈爭論肯定不少，但，「大家是共同參與者，要彼此尊重，一定要全體取得共識才會去做」，二女兒蔡佳儒說，「我們接手也是依循著父母親的基礎，即使有必要與時俱進做改變，也不能讓農場變樣，一定要維持初衷與精神」，這是一個全台少見，三代共營、共贏且令人感動的家庭農場。

近 50 道菜，加上山產野菜、鄉村家常菜，逐漸做出了口碑；夫妻倆偕手，民國 80 年，大坑休閒農場正式對外開放。

蔡家三姊妹，佳玲、佳儒、佳柔，從小的生活圈就是學校與農場，比起出外多年才返鄉的農二代，她們與阿公、阿嬤、蔡爸、蔡媽間的感情深厚，在參與農場事務乃至逐步接手的過程沒有太大的衝突，各司其職又共同協力，讓農場的營運與內涵順利蛻變、進化。

忠實呈現食材原味 傳遞鄉土溫暖儀俗

新化三寶——地瓜、鳳梨、竹筍，大坑休閒農場都自產自銷，用在餐桌上的手藝自也不在話下。蔡媽與佳儒以在地食材結合焗烤呈現出「櫻花蝦焗烤地瓜」與「焗烤綠竹筍」兩道中西合璧的精湛料理。兩道菜沒有太複雜的巧飾，恰到好處的熟度佐以適量的起司，便將主角地瓜與綠竹筍的特色充分彰顯，佳儒說「食材本身質地優良，用最少的調理去幫襯就夠了」。

蔡阿公時期就種了許多綠竹與麻竹，每到產季，蔡爸都是凌晨上山採

筍,太陽剛露臉就運下山,家裡的爐火早已升起,立即下鍋水煮 30 分鐘,「筍子離土就開始流失水份與甜度,立刻下鍋最能將甜美保留下來」,佳儒想起第一次為了取得美食展參展資格的料理競賽,評審酸她「綠竹筍煮 30 分鐘能吃嗎?至少要 2 小時才去除苦澀味呀!」,還是學生的她怪蔡媽讓她丟臉,後來才知道,因為採收運送過程,「即使名餐廳拿到的竹筍,至少都過了一個晚上,哪能像我們立刻處理」。

竹筍除了鮮食之外,加工處理如「醬筍」,蔡家拿來做「鳳梨醬筍燒魚」,也可燒一鍋鳳梨醬筍雞湯,而「柴燒筍香燜飯」更傳遞著在地常民生活與信仰文化。

大坑地區的大廟「聖母宮」,每兩年的元宵節,就會舉辦宋江陣遶境祈福,「大坑尾」地處偏遠,為了不讓陣頭好漢與鄉親餓肚子,每家就會準備一、兩道拿手料理,用扁擔挑到聖母宮廟埕,一排排地陳列讓人們取用,百年來的延續而成特殊的「放飯擔」民俗,燜筍飯就是「熱鬧」時才會出現的。佳儒說,各家的燜筍飯內容包括雞肉、豬肉、香菇……,各家不盡相同,為了讓遊客平常也能品嚐在地稱的「鹹飯」,以及村莊溫暖的人情習俗故事,就把這道菜列入餐廳常備菜。

▲ 蔬菜竹筍迷迭香香腸加燜飯,美味飽足

野菜時蔬與雞隻、迷你豬的料理,如碳烤山土雞、黃金珍珠樹子雞湯、迷迭香豬排與香腸,都是大坑農場招牌的料理。碳烤豬是迷你品種,不是小豬喔!養到足 6 個月,可以吃到脆脆的皮與厚實的肉質,最好提早預訂。除了現場鮮食,大坑農場筍漬、樹子漬(破布子)、手作果乾都是不錯的伴手禮,雞湯與季節限定的竹筍則有做低溫宅配。

必買 筍漬、樹子漬(破布子)、手作果乾
必吃 櫻花蝦焗烤地瓜、焗烤綠竹筍

大坑休閒農場
臺南市龍崎區烏樹林 33 號
06-5941555

毫無腥羶味的美味羊乳

羊咩咩的家

小羊喝奶區

濃醇香的
羊鮮乳！

在超市貨架上，如果把 10 瓶牛奶跟 10 瓶羊奶放同一層，結果往往是 10 瓶牛奶都賣完後，羊奶只賣出 1 瓶，甚至 1 瓶都賣不出去。會形成這種現象有兩大關鍵，第一是多數人會把牛奶當日常飲品，但卻往往把羊奶當補品，只有感覺身體需要補強時才會想到羊奶，而且認為必須是熱羊奶才夠補。

更大的關鍵是，大家覺得牛奶是濃醇香的，而羊奶是腥的。但近年隨著養殖技術與加工技術提昇，畜牧專家已經掌握羊奶腥羶主要關鍵在於溫度，透過低溫冷鏈處理，可以讓羊奶完全不輸牛奶，並因分子顆粒更小，更適合人體吸收。

位於高雄路竹禾光牧場的田媽媽「羊咩咩的家」從民國 80 年代開始養羊，目前育有撒能、阿耳拜因、努比亞各品種羊隻 350 頭，其最大特色在於自己種植臺畜 8 號有機狼尾草供羊隻食用，並自產自銷嚴格管控羊乳加工製程，所生產的羊乳鮮美甘醇，完全沒有印象中的腥羶味。

來到這位於高速公路路竹交流道附近「羊咩咩的家」，除了喝鮮美羊乳，品味羊乳火鍋、羊乳優格與多樣甜點外，更能親近小羊，並深度認識的臺灣乳羊產業知識。

▲ 羊咩咩的家的養羊場與餐飲空間

人工授精專家 培育優質羊隻與羊乳

要讓牛有牛奶，必須讓母牛懷孕生小牛，羊也一樣。不同的是，牛可以一年四季都發情，但羊通常只在東北季風吹起的 10 月到 3 月間才比較有機會受孕。更大不同是，牛的人工受孕，獸醫可以直接伸手進入子宮，但羊的器官較小，必須依靠子宮頸夾與授精槍等工具，過程相當危險且失敗率高。

失敗率高，代表的就是成本大量增加。目前全球培育羊隻基因與性能改造最專業國家是法國，一支小小 0.25ml 的進口冷凍精液售價約在臺幣 1500 元到 3 千元之間，一支只能供一隻母羊授精一次，一個閃神沒成功就要重來一次，而王家壽通常能讓羊隻達到 60% 到 80% 成功率，這數字在臺灣至少排進前三名。

禾光牧場是專業牧羊場，但在 20 年前加入田媽媽轉型休閒後，不停努力讓環境更舒適，並開發多樣食農教育體驗課程。牧場聯外道路相當狹窄，不過就在路竹交流道附近，距離臺南高鐵也僅 15 分鐘車程，穿過鄉間小路進入之後，呈現眼前是大片的有機牧草區。遊客可以免費割草餵羊，或買羊乳餵小羊，時間湊巧也可看見羊隻如何排隊擠奶，並可品嚐毫無腥羶味的鮮美羊乳與多樣餐飲。園區也於前兩年間全新規劃更舒適的餐飲空間，非常適合假日親子輕旅行。

一輩子養羊 二代正接手

王家壽是高雄路竹農家小孩，臺南北門農校畜牧獸醫科科班出身，曾待過養豬場與乳牛牧場學習人工授精技術，民國 80 年代決定自行創業養羊，在老婆林秋香支持下，兩人從 5 隻羊開始，並很快因為羊隻人工授精技術在業界打響名號，全盛期共有羊隻 400 多隻。民國 90 年間因為看到羊乳銷售一直比不上牛乳，因此加入田媽媽轉型休閒，並致力於推廣一般民眾對羊乳的觀念導正。畜牧業必須每天照顧羊隻吃喝並協助受孕與接生，林秋香說，他們兩夫妻已經連續 30 年，每年 365 天 24 小時不可能休假，更無法旅遊外宿。看見父母辛勞，第二代王奕勝與王映晴兄妹目前都已回家幫忙。王奕勝目前正不停練習羊隻人工受孕技術與畜牧知識，學護理的王映晴則協助開發羊乳奶酪、羊奶麵等商品，讓牧場的羊乳滋味更豐富。

◀ 禾光牧場招牌的
羊鮮乳與牧草汁

難以置信 毫無腥羶味的美味羊乳

早年大家飲用羊乳，多數都是從「溫熱補品」角度出發，每天清晨有專人把兩瓶熱呼呼羊奶放進掛在門口那小小保溫箱中，然後在冬季清晨，感受那溫暖幸福。

禾光牧場另有非常獨特的「母羊初乳」。一般而言，牛羊初乳中含有大量小牛小羊需要的抗體跟養分，不該跟牛羊搶。但因禾光牧場羊隻平均泌乳量都高，小羊真的吃不了那麼多，因此王家壽會將小羊吃不完的初乳冷凍保存，並因此吸引許多梅花鹿與水鹿養殖農家來購買給小鹿增加營養，如果老人小孩有需要補充營養，喝一點點也很不錯。

羊咩咩的家也利用這些羊乳開發多樣餐點，其中羊乳麵出乎意料的麵體與湯頭非常搭配，鬆餅與羊奶奶酪很受年輕人歡迎，羊乳片是哄小孩利器，而羊吃的有機狼尾草打成牧草汁更是招牌飲品，營養價值遠比一般蔬菜水果豐富，不要錯過。

香濃營養的羊乳麵（上）▶
孩子們最愛的羊乳片（下）

禾光牧場田媽媽羊咩咩的家位於高雄路竹鄉村田園區，自行開車較方便。目前園區只在週六日的上午 9 點半到傍晚 6 點間開放，平日以生產羊乳為主。前往時可規劃順遊臺南奇美博物館或高雄岡山、田寮月世界等周邊景點。禾光牧場臉書粉絲頁常有深入有趣的畜牧知識分享，不要錯過。

必買 羊鮮乳、牧草汁、羊乳片
必吃 羊奶冰淇淋、羊乳麵

禾光牧場羊咩咩的家
高雄市路竹區甲北里永華路 302 之 96 號
07-6961317、0930-090772

池農養生美食餐坊

吃當季
享在地

講求「吃當季、享在地」，還盡量使用有產銷履歷的食材，讓消費者不只吃得到新鮮味美，更能吃得安全安心，池上鄉農會的「池農養生美食餐坊」是第一家參與溯源餐廳認證的田媽媽餐廳，可見其自我要求的用心。

「溯源餐廳」是民國 102 年由農委會指導推動的計畫，植基於「產銷履歷食材的使用」，鼓勵業者自願性參加，經過認證發給標章，可提高餐廳的品質形象，保障消費者的健康權益，也兼顧環境永續理念的落實。

自家的米，品質沒話說；自製的豆皮，過程全透明；採用在地的肉品與時蔬，池農田媽媽餐廳由農會直營，餐點的要求與管控到位，且位於整座觀光工廠園區內，除了用餐，還提供可預約的導覽或多項體驗活動，就像池農的米從契作、收割、入倉、包裝、銷售一般，從吃飽肚子到食農教育，已經做到一條龍服務。

自製豆皮也是溯源食材 ▶

機能完整的稻米觀光工廠

一棵樹，一大片沒有電線桿的稻田，一波波藝術社造，稻米重鎮池上，又多了一個旅遊熱點的身分，大量湧入的觀光人潮，團體用餐成了小鎮較難消化的問題，池上農會在新興村輾米廠區成立的觀光工廠「金色豐收館」，便順勢將所屬的田媽媽餐廳轉型，解決遊覽車客群用餐的問題。

道路南側是大片的綠地花園，北側則是輾米工廠建築群，其中歷史最久的辦公室與地磅經整修成為「小白屋咖啡館」，對面兩棟則是「田

◀ 優質好米與伴手禮一次購足

豐收飯
碗筷美麗布包帶回家

農忙時期彼此「換工」支援，碗公盛上米飯，擺上雞肉或焢肉、煎蛋，以及當季各種蔬菜，一定要讓辛苦的農夫吃得好、吃得飽。池農雖不做便當，但設計了「豐收飯」，讓客人品嚐的不只是滋味，更希望呈現傳統米鄉的文化與濃郁人情；吃完農村特色餐點，陶碗、餐具裝在客家花布包內，可以通通帶回家。

▲ 好吃餐具還能帶回家的豐收飯。

媽媽池農美食餐坊」與文物陳列導覽的「金色豐收館」，與販售多樣伴手禮的「稻浪館」，都是由倉庫變身。其他的建築區劃為 TGAP 稻穀倉、稻穀檢驗室、有機稻穀倉庫、有機米加工區、副產品加工區、烘乾機房區、成品倉庫、白米加工區、白米成品倉，運作如常，讓遊客看到真實作業狀態。

池上農會直營的田媽媽成立於民國 101 年，推廣部吳汶芳説，一開始都是由家政班媽媽做便當賣，後來穀倉整修擴大規模，這裡可以停很多遊覽車，我們不要跟業者搶做便當生意，就轉變以合菜為主，田媽媽成員也改成僱用方式，「她們除了餐廳的工作外，還要帶導覽或體驗活動」，像是參觀廠區或做爆米香、米鬆餅、米飯糰等。

善用米與黃豆優勢　料理實在有特色

池農養生美食餐坊只用在地的食材，以及溯源食材，盡可能呈現當地料理的特色。白斬雞一定要吃玉米、牧草的放山土雞，且紮紮實實養足五個月，油脂與肉質才能達到要求標準，沾上一點桔醬或醬油膏就能吃到鮮美。只要肉質好，加入剝皮辣椒、蒜頭、枸杞、紅棗就能燒出一鍋回甘回味的好湯。溫體豬肉先油炸，加入佐料炒出糖色後，細火慢燉

至少兩小時才成為能端上桌的紅燒焢肉。使用至少一至三年的農家日曬菜脯，簡單一盤煎蛋就不簡單。

充分運用在地稻米優勢，「稻香梅丁豬油拌飯」、吃得到米粒的「米饅頭」，使用糙米、黑糯糙米、糙薏仁、蕎麥、小米加入麵粉手工揉製，可加入南瓜、紅豆或黑糖等口味，慢慢咀嚼中都能感受到米香滿滿。

在池上，黃豆製品幾乎可與稻米畫上等號，池上豆皮已然是訪客必吃，池農田媽媽餐廳一道「椒鹽豆皮」，池上農會還在中山路開設了一家「豆之間」，同樣是舊穀倉改造，空間規劃雅緻宜人，多種豆製品供選擇品嚐，隔著透明玻璃就可看到撈豆皮的工作畫面。

道地好料不只現場才有，池農田媽媽很早就做冷凍宅配，因此相當程度地降低了這幾年疫情的衝擊；進入池上鄉農會官網，到「冷凍專區」的「池農田媽媽功夫菜」專區，就可買到手作米包、極品銷魂東坡肉、人參干貝雞湯、無錫排骨、剝皮辣椒雞湯等。

善用好米與當令食材製作出豐富餐點 ▶

池農田媽媽餐廳位於池上街區南邊，園區停車方便，餐點均採預約制，4 種合菜組合搭配若干單點單品適合團體，人數少則有 8 種個人套餐可選。米廠的參觀導覽，或各種米食的體驗製作也要先預約；園區本身很有得逛，小白屋喝杯咖啡、吃個西點，欣賞時尚老屋也挺悠哉；旁邊還有臺東縣客家文化園區、臺糖渡假村可一併納入遊程。

必買 手作米包
必吃 極品銷魂東坡肉、人參干貝雞湯、剝皮辣椒雞湯

池農養生美食餐館
臺東縣池上鄉新興村 7 鄰 85-6 號
0928-863-343

春 臺東鹿野　客家原民料理道地融合呈現

傅姐風味餐

田媽媽
傅姐風味餐 ← 餐坊

餐坊

今日料理

餐坊 ←

創意滿滿的
三味香！

說實在，它離臺 9 省道還有一段距離，但一輛輛遊覽車會願意爬著山徑來到永安村內的茶廠餐廳，「田媽媽傅姐風味餐」肯定有其獨特魅力。

客家女兒傅錦英從苗栗嫁到臺東，在客家人、閩南人、原住民混居的山村學習製茶，把道地的客家料理忠實呈現，並自己研究以茶入菜，原住民特色的餐點也被吸納，最重要的關鍵還在，傅姐多年來都堅持自己上傳統菜市場採買，熟悉每個季節、時節的肉品時蔬，用最在地、最新鮮的食材做出滋味迷人的菜色。

餐廳旁就是自家的「正一茶園」，先會做茶才會做菜的傅錦英，對製茶、泡茶的技術熟稔，熱情好客的她還會抽空跟客人泡茶聊天，來到這裡，可以聽到好多故事，吃得到好菜，還能喝到最有風味的好茶，難怪客人不僅來自高台的遊客，凡經過鹿野，大致都要拐上永安不可。

成衣廠女兒　製茶打響名號

人稱「傅姐」的傅錦英，民國 71 年從苗栗公館嫁來鹿野永安，成衣廠老闆之女隨著夫家種茶、做茶。當時的傅姐就覺得應該做自己的茶品牌，不能一直處於交由盤商收購的狀態。她大膽地向父親借錢、向土地銀行貸款，還起了好多個「會」，蓋起自家的茶廠，後來馳名的「正一茶園」和現在的「田媽媽傅姐風味餐」餐廳。

傅姐回憶道：「在成衣廠加班到晚上九點嫌累，想說嫁個做農的，可以日出而作、日落而息，沒想到，做茶做到半夜、天光沒得閒」，但也就是一股強烈的打拼出頭天的意念支持她，從不會做茶、開車載茶葉到西部茶行拜訪賣茶，逐漸成為福鹿茶

風景迷人的鹿野高台 ▶

執著而柔軟

跟傅姐談著來到鹿野之後的生活，她總是說「感謝遇到很多貴
人」，一個外地嫁過來的女子，做過兩屆鄉民代表、接任過永
安社區發展協會理事長，能夠把茶葉做出名聲、把社區整合帶
出旺盛活力，她那客家人「硬頸精神」的執著，以及擅於協調
溝通的柔軟，應該也是她很重要的「貴人」。

的頂尖製茶者，也是近年來翻紅暢銷的「紅烏龍」推手。那個全心投入研究製茶、賣茶
的傅錦英，還是個不太會煮菜的農婦、更沒想到會開餐廳。

堅持自己採買 新鮮創意配菜

永安路、永樂路口那幢醒目的大木屋完成之後，是傅錦英接觸餐飲的起點。「水土保持
局對永安的建設幫助很大，我懷著回饋的心接下農特產展售中心經營的任務」。當時高
台飛行傘已經小有名氣，永安這座農特產中心也提供簡餐服務，傅姐經常與客人互動，
靠近高台的餐廳只做 10 人起跳的合菜，對兩人或家庭人數較少的訪客就不方便，她開
始將每人一份的套餐形式，逐漸調整為配合人數靈活配菜的方式，「這樣客人可以多吃
到幾道主菜，又不會浪費食材」，這也是目前「田媽媽傅姐風味餐」無菜單料理形式的
來由之一。

始終堅持自己上傳統市場採買的傅姐説，「一開始就是用在地食材做家常菜，後來農委會長官來這裡用餐，才邀請我加入田媽媽系統」。餐廳的菜色就真的是妥善運用在地資源，青菜多數來自武陵網室栽種的有機蔬菜，豬肉來自關山的溫體豬，被傅姐稱為「沒人管教的雞」是在地小農放養的，花東屬害的剝皮辣椒也被創意運用得令人稱讚。

餐廳很受歡迎的「剝皮辣椒三味香」，是將皮蛋、香菜捲入剝皮辣椒內，一口一串，清香爽口帶點獨特的勁道，令人驚艷。好吃的縱谷白米飯旁，總會擺著溫熱的豬油與醬油，客人可以自己動手成就一碗懷念的豬油拌飯。另外還有把鹹蛋與南瓜結合，創造出口感多層次的金沙南瓜；客家代表菜之一的鳳梨木耳，酸酸甜甜的滋味迷人；客家小炒、薑絲大腸當然不會缺席。她也將客家與原住民料理融合，創作出一道「客家阿拜」，而原住民的鹹豬肉，肥肉部分保留了彈性與咬勁卻沒有油膩感，瘦肉部分浸入滿滿的醃漬香氣，在這裡也有精采展現。

香氣四溢的鹹豬肉（上）▶
鹹蛋與南瓜巧妙結合（下）

傅姐風味餐廳每天新鮮採買，基本上屬於「無菜單料理」，餐坊會掛出當日的料理菜單，對於團體客人，設計了幾套桌菜樣式靈活調配，人數不多的課群則可由餐廳為客人依照人數配菜，以人數計費。餐廳全年無休，但務必事先電話預約。

必吃　剝皮辣椒三味香、金沙南瓜、客家阿拜、豬油拌飯

傅姊風味餐

臺東縣鹿野鄉永安村永安路 588 號
089-551818

尚青的海鮮蔬菜 直送餐桌

星月灣 海田料理餐廳

海派寬廣的
用餐環境！

通過跨海大橋，就來到澎湖群島第二大島西嶼，「星月灣海田料理餐廳」位在西嶼必經的北環 203 縣道大路旁，這是許家人同心協力經營的田媽媽餐廳，提供物美價廉的澎湖家常菜與創意料理。

星月灣的新鮮料理與平實價格，秘密就在餐廳旁一片大約 1000 坪的有機菜園，這裡也是許媽媽曾美娶的心血，別有洞天的菜園裡種植各式蔬菜水果，料理所用的蔥、蒜、辣椒與薄荷等香料也應有盡有，需要什麼就到菜園摘取，可以說是距離最近的新鮮直送。在澎湖強勁的海風下，這些蔬果能夠種得這麼好，答案在澎湖祖先就地取材的智慧，運用了傳統咾咕石牆的擋風方式，把客人要吃的青菜瓜果保護得好好。

星月灣主要供應桌菜，菜單上包括了澎湖人家常的南瓜炒米粉、香氣誘人的古味醃菜佐鮮魚、運用在地海鮮的芙蓉羹，以及清爽的蘆薈鮮排湯等等，將澎湖海洋與田園滋味一起上桌。

從外垵到大池 打拼的一家人

星月灣餐廳的同事們是一家人，現在主力為第二代，主廚許翠芬及姊姊與兩個弟弟許國峰、許仲仁，餐廳內笑呵呵地接待客人的是第一代，許媽媽曾美娶。許家來自西嶼外垵，那裡是一處靠海為生的漁村，相當純樸。許翠芬說，自己也曾離開家鄉到高雄賣服飾，兩年後就被媽媽 CALL 回家，因為媽媽準備在外垵開餐廳，家人都被媽媽徵召一起投入。民國 90 年，一家人轉移主戰場，從外垵打拼到西嶼另一頭的大池村，起先開民宿，兩、三年後開餐廳，也就是現在的星月灣。

咾咕石牆為菜園擋風（上）▶
星月灣自家菜園裡有各式蔬果（下）

愛種菜的許媽媽

星月灣靈魂人物是許媽媽曾美娶，就像女兒形容她「閒不下來」的個性，除了在餐廳忙進忙出，還將心力放在照顧菜園，她笑呵呵地說。「沒辦法，我愛種啊！看到人家喜歡吃什麼，就想種種看。」就連外牆的石頭裝飾，也是她從海邊撿來一顆顆的黏上，是她的得意之作。

許翠芬笑說，這種閒不下來的動力源自媽媽，媽媽總是希望多賺點錢讓生活更好，過去媽媽在外垵老家經營雜貨店兼賣早餐，送早餐的工作便落到孩子的頭上，他們每天早上起床完成外送任務再去上學，放學後還要幫忙雜貨店補貨。雖然從小很辛苦，但收穫是早早就對餐飲與接待服務頗有心得，如今投入餐廳得心應手。

自家醃製高麗菜酸 搭配黃金鰮

星月灣的菜園裡有各類蔬果，想得到的澎湖絲瓜、南瓜、蘆薈、高麗菜、火龍果，還有意想不到的李子、柿子、楊桃與無花果等等。在冬季季風強勁的澎湖，蔬菜不容易種得好，但這裡的菜園為什麼生機盎然？問起秘訣，許媽媽笑了，她指著菜園裡一道道圍牆就是答案，「光是做這些牆，花了我十幾萬元。」

原來如此，澎湖居民自古以來為了抵禦強風，就地取材從海邊拾撿適合的咾咕石，在農地周遭做擋風牆，以便栽種作物。在星月灣的田裡，除了傳統咾咕石牆，還有各種素材的牆，好層層保護蔬果。

這些在強風下受保護長大的蔬果，肥料來自菜園旁自家養的雞的蛋殼和雞屎。星月灣餐桌料理的蔬果主要來自這個菜園，不夠用的時候才到外面採購。

女兒許翠芬傳承了媽媽的手藝，使用自家醃製的高麗菜酸，做出一道「古味醃菜佐鮮魚」頗受好評。高麗菜酸的做法相當費工，基本上使用自家種的高麗菜，在 20℃ 的環境下發酵一個月，期間每兩三天就要檢查一次，以確保品質。鮮魚也是經過多次嘗試，最後選定天和鮮物養殖的黃金鯧，肉質嫩、油質夠，與醃菜的酸度很搭配。

「養生蘆薈鮮排湯」使用蘆薈與排骨熬煮 3、4 個鐘頭，難度較高的是處理蘆薈的果肉，開始時經驗不足，時常被刺傷手。「海鮮芙蓉羹」使用石蚵、魩仔魚、海菜。石蚵為澎湖在地生產，尺寸雖小，但具備甜度與鮮度，產季在 4 到 9 月。手工甜點使用澎湖食材火龍果與仙人掌，夏季品嚐口感清爽。

▲ 甜點使用仙人掌果與火龍果（上）
　星月灣提供桌菜料理（下）

星月灣海田料理餐廳供餐以桌菜形式為主，採預約制，也提供素食。用餐空間寬敞，能夠滿足旅遊團體需求；假如同行夥伴少，星月灣還是可以依人數供應桌菜，但至少兩人。

必吃　古味醃菜佐鮮魚、養生蘆薈鮮排湯、海鮮芙蓉羹

 星月灣海田料理餐廳
澎湖縣西嶼鄉大池村 131 號
06-9984159

立夏　立夏的雨水潺潺，米栗刈到無處置

立夏還有烹煮新茶的習俗，文人墨客這
時要舉辦鬥茶活動，品茶、吟詩作賦。

小滿　小滿櫃，芒種穗

神農大帝誕辰。

芒種　四月芒種雨，五月無乾土，六月火燒埔

端午節家家戶戶門口
插艾草、菖浦或柳枝、榕枝。

夏至　西北雨，落不過田岸

小暑　六月六，仙草水米苔目

俗話說：「六月六，仙草水，米苔目。」小暑是 臺灣最熱的節氣，
仙草可以幫助清暑熱，滑順的口感又可以滿足口欲，是夏季必吃
的傳統甜點之一。

大暑　大暑熱不透，大水風颱到

大暑，熱近燥如烘，三伏盛夏，冬病夏治，應預
防暑熱傷身，宜清暑熱滋陰。大暑相當接近農曆
六月十五日，這天俗稱「半年節」，有吃「半年
圓」的習俗，也就是一年已經
過了一半，以湯圓拜神祭
祖後煮成甜湯，全家人一
起食用，象徵團圓與甜蜜。

夏

鹽水日曬音麵

桃園大園　濃郁人情味的手作烘焙

寶聰牧場點心坊

田媽媽

寶聰牧場
點心坊

最最新鮮的
好味道！

早晨現擠鮮奶　新鮮直送　從牧場到餐桌

寶聰牧場原有 1500 坪，原本的大片牧場多年前因為高鐵建設徵收，牧場被一分為二，緊接著桃園航空城開發計劃又將牧場土地超過 98% 全部徵收，如今只剩這個緊鄰快速道路邊緣的小小點心坊，牧場原有的 200 多頭牛隻與設備都已轉售。

但終究忘不了牛與牛奶， 也因為許多小朋友喝慣寶聰的奶，加上第二代願意接手，所以牧場主人黃寶聰與許寶桂這對「雙寶」夫妻，決定繼續開著這家已經沒有養牛的牧場點心坊，並透過酪農人脈找到優質生乳，持續賣著多年來的商品。這是一家位於快速道路大馬路邊，卻有著緩緩人情與優質手作的小小點心坊，每天每天，鮮乳與人情氣味持續飄香。

▲ 寶聰牧場熱賣商品奶酪（上）
　寶聰牧場熱賣商品優格飲料（下）

什麼是生乳？ 手作起司最適合

所謂「生乳」就是剛從牛媽媽身上擠出來的奶。生乳經過殺菌與均質化等過程並包裝，就會變成市面上常看到的 100% 生乳製作、有鮮乳標章的「鮮乳」。如果它不是 100% 生乳而是有添加果汁調味或加入鈣等其他營養素，就只能稱為「調味乳」或「牛奶」，而如果它是用超高溫殺菌超過半小時，把所有細菌徹底消滅讓其可保存至少半年以上，就稱「保久乳」。生乳中含有許有我們人體無法接受的菌種，如果沒有殺菌，可能造成腸胃不舒服，更可能短短兩三天就腐壞變質。更重要是，加熱過程生乳會因高溫產生「梅鈉反應」，並因為溫度與時間差異而有各自不同味道。控制得好，這瓶鮮乳會變得濃醇香，控制不好則是一種怪怪氣味。殺菌溫度與時間的變數，也是市面各廠牌鮮乳味道各自不同的重要關鍵之一。

寶聰牧場點心坊直接販售生乳的最大價值，就是讓我們可以買回去自己加工，在脂肪球還沒破碎前也許可手作起司，或依照自己喜歡的溫度與時間殺菌，也可購買他們獨家用「蒸」來殺菌的鮮乳，可感覺那脂坊球顆粒感。臺灣牧場的生乳幾乎都是直接交給乳品廠加工，一般民眾極少有機會接觸到生乳，市面上幾乎買不到。直接販售生乳，這是寶聰很大的特色。

神農獎與梅花獎肯定的牧場

黃寶聰家族從民國 62 年開始在大園養牛，是歷史悠久的酪農戶，也是曾獲神農獎與光泉梅花獎肯定的牧場。其中「光泉梅花獎」是完全以每一天的生乳品質實測，紮紮實實靠產品說話的獎項，在酪農圈中有很高的地位。黃寶聰從小學就開始幫家裡養牛，跟牛相處了一輩子，許寶桂也在嫁來後就泡在牛奶堆中，這對「雙寶夫妻」對牛與牛乳都有很深的專業與感情。現在二代願意接手，對他們而言極為欣慰，因為賣的不只是牛奶，更是感情與人情。

鮮奶饅頭美味　南瓜自己種

早年臺灣人習慣喝保存期限長、沖泡方便又價格便宜的奶粉，因此鮮乳並不好賣，特別乳牛來自溫帶，夏天乳量少、冬天乳量多，但臺灣人又喜歡在夏天喝冰冰涼涼的鮮乳，冬天反而不喝，因此經常產銷失衡，每到冬季，乳品廠就會以超低價收購甚至不收，造成酪農戶很大損失。這情況直到後來大陸三聚氰胺毒奶粉事件後，大家開始重視乳品安全，加上後來超商拿鐵咖啡熱賣，才讓現在鮮乳不論夏天或冬天都供不應求。

寶聰牧場點心坊原本只是為了幫牧場在冬季產銷失衡時多賣點牛奶，沒想到賣出了口碑，成為當地居民喜愛的滋味，特別在加入田媽媽後學到很多烘焙技巧，現在不少鄰居小孩沒喝寶聰的生乳或烘焙品就不習慣。

最招牌就是鮮奶饅頭，沒加一滴水，饅頭入

◀ 用料實在的自製商品

口綿密鬆軟帶 Q，最受歡迎，南瓜饅頭更是用自家農地種出的南瓜，天然香氣十足。黃金薯也是不可錯過招牌，這是用桃園大園當地 57 號黃金地瓜為原材料，挑選小小的、口感好的，整顆清洗後包進麵團中烘焙，每顆大小會因地瓜大小不同而有差異，相同的是都有整顆地瓜與餅皮香脆，是熱賣商品。

▲ 寶聰招牌點心黃金薯

鮮奶香醇 乳糖不耐症請吃優格

寶聰牧場點心坊賣的是生乳，回家務必自己加熱殺菌。如果買他們蒸過的鮮乳，這鮮乳因為脂肪球大且新鮮，口味非常獨特，但也因為跟一般市面殺菌法不同，如有乳糖不耐者請務必小心腸胃適應情形。建議可以試試優格，發酵過的較不會引發乳糖不耐且可幫助腸胃道健康。

食農小學堂　所謂「生乳」就是剛從母牛身上擠出來的奶。生乳經過殺菌與均質化等過程並包裝，就會變成市面上常看到的 100% 生乳製作、有鮮乳標章的「鮮乳」。

點心坊每天清晨 6 點就開始營業，早餐的饅頭、蛋餅等熱食商品只賣到 11 點，其他如生乳、黃金薯、起司棒、鮮乳吐司等等烘焙品售完為止，營業時間到傍晚 6 點。

必買 鮮奶饅頭、鮮奶、起司棒、鮮乳吐司

寶聰牧場點心坊
桃園市大園區中正東路二段 428 號的左邊
0921-163986

牛奶故鄉餐坊

口味營養都豐富的
招牌饅頭！

「牛奶故鄉」是「苗栗縣造橋鄉豐湖村」的代名詞，主要因為這裡是山坡丘陵地，早年農耕發展不易，民國63年當時的臺灣省主席謝東閔來此視察，覺得此處適合種植牧草養乳牛，且剛好與當時政府積極推動的酪農產業政策相符合，於是資源挹注，短短幾年豐湖村就成為跟臺南柳營、苗栗通霄等地一樣，是臺灣最早也最具規模的酪農專區之一，全盛期周邊約有40多家酪農戶，並創造了當年「將軍鮮乳」熱潮。苗翔牧場就是最早投入的其中一家。全盛期約有乳牛180多頭，算當地頗有規模的牧場。

近20年前，休閒農業興起，全家看好觀光餐飲業，經過家庭會議後，苗翔牧場逐漸降低牛隻數量並積極轉型兼營田媽媽「牛奶故鄉餐坊」，目前牛隻由二代接手飼養，只剩30多頭產乳自用，並利用牧場種植的南瓜、絲瓜、鮮乳等食材開發多元餐飲特色與觀光，成為苗栗造橋鄉村一個認識酪農與品嚐美食的好去處。

甘美鮮乳 背後是 365 天全年無休

臺灣的酪農曾有春天，也曾歷經酷寒。民國60年代，政府積極推動酪農產業，當時招募許多優秀青年遠赴美國與紐西蘭學技術。這些青年在民國64年間陸續歸國投入酪農業，但很快就因當時國民仍習慣喝低價奶粉，極少消費高價鮮乳，加上臺灣人喜歡夏天喝冰涼鮮乳，冬天少喝，但乳牛來自溫帶，冬季泌乳量高，夏季泌乳量少，產銷失衡加上收購價格掌握在食品廠手上，酪農愈養愈賠錢，許多牧場紛紛關門。

轉捩點是中國三聚氰胺毒奶粉事件，讓大家看見鮮乳原食材之重要，隨後超商拿鐵熱賣，鮮乳需求量暴增，加上生乳收購價格有了較好的議價制度，酪農這才慢慢迎來春天。

▲ 牛奶故鄉可愛的外觀（上）
　 餵養健康的牛隻（下）

但即便春天，養牛人家就是 365 天全年無休。黃桃紅説，每天清晨 4 點半起床搾乳，早飯後開始割牧草餵牛，打掃牛舍，中午短暫午睡後，下午 4 點又開始搾乳餵牛直到晚上 7、8 點，晚飯後看個電視，隔天又是清晨 4 點半起床，偶爾要 24 小時待命幫牛接生，365 天全年無休都要照顧牛，更不可能旅行外宿過夜。

辛勞的背後，換來的是鮮乳的品質。目前苗翔牧場的鮮乳不再供應乳品廠，而是轉型田媽媽之後只供自家使用，用來製作奶酪、牛奶火鍋，也供應周邊人家鮮乳或生乳，並盡量以低溫長時間方式殺菌，保留健康原味，且鮮乳食物哩程不超過 50 公尺。

為了增加牧場吸引力，苗翔牧場也種植兩大區南瓜隧道，多樣可愛品種每年暑假時五彩繽紛，非常吸引遊客，也因此衍生農場著名的金沙南瓜、蒸南瓜、牛奶南瓜等美食，南瓜季後改種絲瓜與蛇瓜，歡迎遊客自己來採菜瓜布。

櫃姐變村姑 黃桃紅的牧場人生

田媽媽黃桃紅出生於宜蘭，年輕時在臺北百貨公司當櫃姐，過著青春時髦的人生。那一年從臺北搭火車回宜蘭，突然一個年輕小伙坐到旁邊，並很快假裝睡著後讓帽子掉她身上，然後用對不起當開頭展開話題，一年多後就把我黃桃紅娶回苗栗。原以為就只是搬到農村而已，沒想到慢慢開始要幫忙養牛，從櫃姐變村姑，黃桃紅哭了好幾年，此後人生 30 多年全年無休。轉型兼營田媽媽並將酪農事業交棒下一代後，不用再天天清晨 4

▲ 招牌南瓜蒸肉（左）
　招牌梅干扣肉（右）

點半起床，原本辛苦的農村生活現在也成了想吃什麼蔬菜水果就自己種，每天蟲鳴鳥叫相伴，日子過得讓許多都市同學很羨慕。在愉悅心情下，牛奶故鄉田媽媽沒那麼重的商業氣息，而是充滿許多的自家蔬果的美味分享。

南瓜與客家菜 最招牌

牛奶故鄉餐坊擅長客家料理，所使用的梅干菜、筍乾都是造橋鄉豐湖村周邊農家自行醃曬，口味傳統道地。其招牌梅干扣肉，是選用在地生產、挑選油花分布均勻的黑豬三層肉，首先炸出焦脆感，接著以蒜頭、醬油醃漬，接著與在地小農梅干菜一起蒸熟。

蒸熟後的梅干扣肉會在冷卻後放進冰箱持續低溫熟成與入味，接著冷凍，等到客人點菜時拿出來覆熱，此時的梅干扣肉會充滿梅干菜的香氣與鹹鹹甘甘，脂肪肥而不油，入口香氣與滋味濃郁。

更多客人點的菜色是南瓜。當初為了轉型休閒，在牧場園區內規劃兩處南瓜隧道，其中一個長達 30 公尺，另一處長達近百公尺，每年夏季順著蜿蜒坡道往上，棚架上結滿各式各樣食用南瓜與玩具南瓜，五顏六色非常繽紛。農場也利用這些南瓜製作金沙南瓜或蒸肉南瓜，作法是挑選農場自產的南瓜切片後，加上炒香的在地黑豬絞肉，然後入鍋蒸熟，讓肉汁的香甜滲進南瓜中，再加上辣椒、青蔥、紫蘇增添色彩與滋味，咀嚼起來充滿香甜。

牛奶故鄉餐坊距離高鐵苗栗站只要 6 分鐘車程，但卻有著遺世獨立般的鄉野景觀，園區除了用餐，也可繞一圈觀賞南瓜隧道（夏季限定）與牧場乳牛。也可安排一日遊前往鄰近的苗栗公館、頭屋、明德水庫等地旅遊。每周一公休

必買　鮮乳饅頭、奶酪
必吃　紅棗炒飯、香煎芋糕、酸菜肉片湯

 牛奶故鄉餐坊
苗栗縣造橋鄉豐湖村 5 鄰上山下 2 號
0981-000699

巧軒餐館

原來這就是
紅棗樹～

　　全臺唯一的紅棗觀光果園區，苗栗公館石墻村，得力於後龍溪引入圳道的潔淨水流，及其孕育出的肥沃土地，種植出優質的紅棗與檳榔心種的芋頭。公館市街往南的臺6省道西側，到後龍溪畔的開闊平野，從「上福基」引入溪水，經由區內縱橫交錯的水圳灌溉，水稻、芋頭、紅棗、草莓等作物豐饒了看似僻遠的農村，春夏間，綠油油的大地襯著東西兩端的山巒，清澈川流的圳水相伴，漫步鄉間，閑適宜人。

返鄉加入田媽媽行列的徐治強、賴如玉夫妻，重新深入認識、理解在地食材，在自家紅棗園內蓋起巧軒餐館，以紅棗、芋頭研發入菜，烹調出美味的特色料理與傳統客家美食，消除了「這裡那麼偏僻是要賣給誰吃」的質疑，逐漸打響名號，除了苗栗地區，更吸引北部、中部的客人慕名而來，持續15年的深耕，田媽媽巧軒餐館已成為「老字號」的在地特色餐廳。

石圍墻老家　圳水農村相伴

苗栗縣公館鄉石墻村，至今人們仍習慣以舊名「石圍墻」稱之，墾拓先民以巨大石塊堆疊砌起寬6尺、高7尺，且設有銃庫的高墻，幾近方正地將聚落圍攏居中，南北兩頭還設有管制進出的柵門，高墻的作用在防禦侵擾，也如堤防般抗洪減災，「石圍墻」比之「石墻」的形容，生動多了！

石圍墻是苗栗平原漢人最晚入墾的區域，從濱河的荒地至良田果園遍佈，得力於豐沛的溪水，以及富含石灰質、礦物質的土壤，全國唯一的紅棗觀光園區，優質的檳榔心芋頭，與福菜、梅干菜、水柿，成為代表公館鄉的特色產物，也是田媽媽「巧軒餐館」口碑好評不墜的招牌菜餚食材。

原本跟著姊夫學做海鮮批發的徐治強，退伍後選擇在苗栗市開設宴會餐廳，從10桌的餐館，擴大到

▲ 先民構築的石墻仍保留少許遺跡（上）
　潔淨圳水灌溉品質絕佳的芋頭（下）

香煎芋糕背後的用心

徐治強研發以公館芋頭製作的「香煎芋糕」，民國 103 年獲選為該年度的田媽媽十大招牌菜。採用在來米磨粉，加入絞肉、香菇、客家香蔥等材料，芋頭糕蒸熟後切塊煎出金黃色澤，「就像其他在地食材入菜一樣，不斷調整搭配比例，試出最佳的軟硬度」

最多可容納 50 桌的規模，徐治強心理卻始終想著要如何才能做出有特色的餐飲事業，民國 96 年，毅然回返家鄉石圍墻，重新開始，並且在民國 99 年加入田媽媽。

紅棗香腸涮嘴　福菜水餃受好評

負責外場接待、餐廳營運的妻子賴如玉回想起剛回來的時候，「我們夫妻同心，倒是家人充滿懷疑，想說，這麼偏僻的鄉下，開餐廳要賣給誰吃呀？」，「其實，我們知道家鄉的食材資源很多，例如紅棗、芋頭、桑椹、柿子、福菜、酸菜、梅干菜，蘿蔔也有很多變化」，夫妻倆相信，只要更深度認識食材的特性，加上過往的料理經驗，不會沒有機會。

家裡本來就種紅棗，現在還保有將近兩百棵紅棗樹。果園生產的鮮果，徐治強用來製作季節限定的和風沙拉，紅棗乾的運用就更多元了，全年

都可變化出各種料理，獨創的紅棗炒飯就是一例。去籽的紅棗為主，加入切成末的洋蔥、火腿、紅蘿蔔，鹹鹹甜甜的特殊滋味，連挑食的孩子也喜歡，成為巧軒的招牌菜之一。以蒸餾的紅棗酒取代高粱酒，精選調配肉質比例製作的紅棗香腸，不僅是熱門的桌菜，也成為搶手的外帶伴手禮與宅配商品。

如同芋頭還可做拔絲芋頭、排骨湯、米粉湯，公館的福菜也被巧軒運用於料理中。用自家種的韭菜包水餃，深受歡迎，他們也嘗試用福菜加入些許梅干菜當內餡，創新研發的福菜水餃推出後，反應評價挺不錯，也成了網購、外帶的主要商品之一。

▲ 紅棗炒飯連挑嘴的孩子都愛（上）
　三種內餡的手工水餃都受歡迎（下）

食農小學堂　紅棗經乾燥後成為大眾熟知的中藥材，常被利用於藥膳，紅棗除了生產可食用性的果實之外，由於其為株高較矮的小喬木，但莖幹上著生長短刺，因而被先民種植於住家外圍，做為防禦外敵之用。苗栗公館因栽培時間較早且環境條件適合，因此國產紅棗 9 成以上皆來自於此，目前栽培農戶數達百餘家，為臺灣紅棗生產重地。

巧軒以桌菜為主，詳細菜單都在餐廳的臉書粉絲頁，在地食材客家料理之外，原本擅長的海鮮料理依舊熱門，多元的菜色可適度針對不同的需求搭配，擴展客源。

必買　香煎芋糕、手工水餃、紅棗香腸都接受宅配訂購
必吃　客家小炒、香煎芋糕、福菜肚片湯、紅棗炒飯

巧軒餐館
苗栗縣公館鄉石墻村石牆 223-1 號
037-226868

夏

臺中石岡　媽媽的紅麴料理 品嚐美味與熱情

石岡傳統美食小舖

石岡傳統美食小舖

紅麴龍眼米糕

小舖純釀紅麴醬
龍眼米糕
味香醇

好吃的
紅麴料理

石岡傳統美食小舖位在車水馬龍的豐勢路上，是石岡、豐原與東勢交通要道，六位石岡媽媽一起在這裡經營店舖，賣的是在地傳統美食，在經歷九二一大地震與八八風災考驗之後，這間在逆境中成長的店舖，凝聚了許多奮鬥故事與在地人情味。

店舖裡主打紅麴料理，媽媽們在每年冬天用心製作紅麴，依照料理特色拌入紅麴，是美味兼顧養生的做法，紅麴炒飯、紅麴杏鮑菇與紅麴醉雞卷為招牌料理。

除了提供料理，店舖也製作伴手禮，固定擺售的蜂巢蛋糕與紅麴龍眼米糕，是店裡人氣商品。依據年節所需，媽媽們也會製作不同禮品，過年時做粿，端午節包粽子，中秋節作月餅，還有芋仔粿等，也接受訂製特殊口味，而她們就是以做給家人吃的心意，將媽媽的味道做給客人享用。

以媽媽的心意做料理

石岡傳統美食小舖是一群媽媽們在 921 大地震後共創的事業，在患難中創業，有很多感人故事，當時石岡受到重創，大家經營店舖同時還要重建家園，靠著彼此扶持與體諒，一起度過那段辛苦日子。田媽媽之一呂玉美回憶道，921 震災後第一年的中秋節前夕，店舖外出現排長龍的景象，讓她們很訝異，原來很多人從各地趕來買月餅，鼓勵石岡人恢復信心再站起來。

民國九十八年遭逢 88 風災，媽媽們聽聞山下有人受困，擔心災民餓肚子，她們決定做便當送進災區，當時有些路段受阻，車子無法抵達，只能雙手提滿便當，用步行方式將便當送去給災民，一連送了四、五天。呂玉美說，其中有位成員家中淹水，自己也是受災戶，還趕來幫忙做便當給其他災民吃，那股熱忱令人感動。

▲ 紅麴龍眼米糕
曾獲選臺中縣十大伴手禮

震災後 再出發的田媽媽

民國 88 年 921 大地震，對石岡媽媽們是危機也是轉機，當時農會家政班班長、婦女會理事長呂玉美，帶領約 20 位石岡媽媽們受訓、學習就業技能，試做一、兩年之後，創立了石岡傳統美食小舖，石岡媽媽們就這樣一邊重建家園、一邊創業補貼家用。家園恢復後，有些成員陸續離開，現在包括呂玉美還有 6 人繼續堅守美食崗位。

由於是媽媽們的事業，她們共同理念是「不能為了做生意，放掉家裡」，所以店鋪營業時間是朝九晚五，好讓大家兼顧家庭。公休日也是因應媽媽們所需而制定，端午節、「七月半」中元節、小年夜至初一，媽媽們都要回家忙拜拜，必須公休。

有學問的紅麴料理

石岡傳統美食小舖料理特色是紅麴美食，但其實石岡住民大多為客家與河洛人，過去不擅長以紅麴入菜，媽媽們在思考如何做出自己特色時，想到國民政府來臺後隨之搬來的福州鄰居，這些福州人製作的紅麴很好用，可以醃肉又可製酒，石岡媽媽們覺得可以好好運用。紅麴常用來做紅糟肉，醃過之後油炸，雖然美味，但降低了營養成分，媽媽們為了健康取向，決定改良作法，以紅麴當拌醬的方式作料理，能吃到紅麴的香氣，又保留營養成分。

依照料理的不同，紅麴有兩種方式入菜，一是打碎成紅麴醬汁，在料理完成後最後一道步驟趁熱拌入，例如紅麴炒飯或紅麴杏鮑菇。另一種方式是保留原顆粒狀，例如紅麴醉雞卷，以兼顧菜色的美觀。

紅麴料理之外，店鋪也推出鮮菇湯，石岡有養菇場，也是菇的集散地，媽媽們使用石岡在地菇類，經過各種嘗試，發現快熟且帶有脆脆口感的菇類，煮湯效果最好，最後選定杏鮑菇、金針菇、雪白菇、鴻禧菇等煮湯，並且以紹興酒、芹菜提出菇的香氣。

蜂巢蛋糕使用的是臺中神岡養雞場的雞蛋，切片後可看出如蜂巢狀的蛋糕體，其實是加入蘇打粉產生二氧化碳的效果，吃起來一半是蛋糕，一半帶有ＱＱ的口感，現在是店鋪的人氣伴手禮。

▲ 蜂巢蛋糕是
石岡傳統美食小舖人氣商品

食農小學堂　紅麴製作，先將糯米蒸熟，冷卻後與紅麴混勻，起泡泡後，將紅麴與米裝罐，接著每日早晚「請安」與「拜拜」（拌拌），以促進發酵，連續三到四週後糖化、沈澱，不再產生氣泡，才算完成。每年只在冬天寒流來襲前才製作，因為夏天製作發酵過快，香氣不足，得等天氣夠冷，才能慢慢發酵讓香氣醞釀。

營業時間上午 9 時至下午 5 時半，公休日為端午節、中元節、小年夜至初一。散客在營業時間前來皆可用餐；團體桌菜需預約，可客製化。紅麴龍眼米糕、蜂巢蛋糕等伴手禮可宅配，若現場取貨請於上午前來。

必買 蜂巢蛋糕、紅麴龍眼米糕
必吃 紅麴炒飯、紅麴杏鮑菇、紅麴醉雞卷

石岡傳統美食小舖
臺中市石岡區九房里豐勢路 889-1 號
04-25721421

夏 臺中潭子 幸福一家人的便當

蓉貽健康工作坊

滿滿幸福味的
健康便當

蓉貽健康工作坊位於臺中潭子，是一家食品加工為主
的田媽媽，由莊姿儀一家人經營，一同討論菜色，內
外分工。主要產品為團膳便當、酵素泡菜、益母草滷蛋
豆乾以及鹹豬肉。

正如名稱諧音「容易健康」之意，蓉貽強調健康兼具美味，便當裡每一道菜都講究食材
與健康烹調，例如蒸豆皮泡菜捲、三杯杏鮑菇甜椒等，並依照食材季節性，每個月都變
化菜色；詢問度很高的米飯，來自潭子在地生產。

自行研發的益母草茶葉蛋、豆乾等滷味，滷汁使用潭子種植的益母草。真空包裝的客家
鹹豬肉，口味改良，降低鹹度。所有的食材選擇與烹調方式，都是為了健康美味的初心。

從便當與泡菜開始做起

蓉貽健康工作坊由莊姿儀與先生郭芳明創設，是潭子一處小小的農產加工所，被周邊住
宅平房與草地包圍。過去這裡的景觀是農田，郭家在這裡有五分農地。莊姿儀說，因為
公公種稻，自己常幫忙跑腿去農會辦事，混熟了，加入家政班受輔導，才有今天的事業。

臺中豐原潭子一帶，以前多從事木製品加工，郭芳明是一家木器廠負責人，後來臺灣製
造業外移，他不想到大陸發展，於是跟莊姿儀討論另起爐灶。對烹飪很感興趣的莊姿儀，
心想既然已有中餐證照在手，是時候
拿出苦練的本領了，於是他們決定做
美食，從便當與泡菜開始做起，又於
民國 95 年加入田媽媽，成立蓉貽健康
工作坊，便當主要客源在豐原工廠。

▲ 酵素泡菜為韓式口味

因為家中做便當生意，女兒郭佳薇對
餐飲產生興趣，大學時原想讀餐飲相
關科系，但接受父母建議，改讀他們
所欠缺的，到屏科大就讀食品科學。

積極考證照的田媽媽

莊姿儀本來就很喜歡烹飪，在農會參加家政班時受到鼓勵，積極考取中餐證照，丙級證照順利到手後，進階考中餐乙級證照的過程卻讓她踢到鐵板，歷經三次才合格。得來不易的成績，讓她更加覺得要好好發揮廚藝。

郭佳薇說，由於所學與父母互補，她在工作坊有很多發揮之處，例如便當菜色賣相很重要，她知道如何烹調能夠使食材保有原色。如今，莊姿儀一家四口都在工作坊打拼，兒子郭諭謙負責送餐服務，女兒郭佳薇負責技術與業務，並且以年輕人喜愛的文青風格替自家產品擺拍做行銷。這裡賣的便當，就是一家人的幸福滋味。

吃進健康 以當季食材變化菜色

蓉貽健康工作坊的「蓉貽」二字，音近「容易」，表示「容易健康」。莊姿儀說，受到父親肺癌過世的影響，讓她深深感受到健康的可貴，這感觸投注於便當，希望推廣健康概念，利用簡單烹調讓客人吃到食材的滋味。為了推廣在地食材，便當盡量使用潭子與周邊當季的農產品，例如竹筍或馬鈴薯產季時，就推出季節限定菜餚，也因此菜色每個月就會換一次。

近來受歡迎的會議便當，為九宮格形式，菜色包括蒸豆皮泡菜捲，以豆皮捲泡菜與海苔、芝麻葉，能吃到泡菜的辣、芝麻葉的苦，口味多層次；三杯杏鮑菇甜椒使用新社杏鮑菇；馬鈴

蓉貽健康工作坊強調吃得健康 ▶

薯沙拉則用潭子的馬鈴薯；婆婆傳授的客家風味鹹豬肉，搭配的是雲林莿桐蒜頭。

便當的米飯很講究，使用的是在地的潭香米，莊姿儀說：「常有客人吃過後，追問這是哪裡的米，我都很驕傲地說，這是我們潭子的米。」每個月都更換菜色，雖然傷腦筋，不過莊姿儀現在有女兒郭佳薇一起討論菜單。郭佳薇是培養農村青年的四健會成員，結識臺灣許多優質農家，她會直接向農家採購當地蔬果搭配便當。

除了便當，莊姿儀創業之初另一項產品是酵素泡菜，為韓式口味。至於為什麼是韓式？她笑說沒有特別原因，「那時開始流行韓劇，大家電視看多了，叫我做來賣。」泡菜食材大白菜來自梨山，以蘋果作酵素，做出迎合臺灣人口味的韓式泡菜。

日後產品增加茶葉蛋、豆乾等滷味，特別的是她使用了益母草這一味。益母草過去在潭子田邊常見，她請農會朋友栽種，乾燥後，加入八角、花椒、黑糖及阿里山紅茶等作滷汁，蛋則選用神岡的雞蛋。

益母草滷蛋風味獨特 ▶

無法內用，只接受訂單或外購。週日公休。

 酵素泡菜、手作鹹豬肉　益母草滷味須先來電洽詢
 雞尾酒餐會、中西式茶點、團膳會議便當

 蓉貽健康工作坊
臺中市潭子區栗林里中山路三段 275 巷 47 號
04-25353748

香米洋菇與清酒 都是好滋味

議蘆餐廳

用餐環境
好漂亮！

國道霧峰交流道下來右轉就來到了立法院民主議政園區入口，裡頭是昔日省議會的所在，不知道有多少國家大事在這裡商討定案。而從前只供省議員用餐的議員會館，外人根本難一窺究竟，如今搖身變為親民的田媽媽議蘆餐廳。

議蘆餐廳由霧峰農會經營，利用霧峰最具特色的菇類、益全香米等食材，讓客人吃在地也吃美味。起初賣的是臺菜，後來請來一位在臺落地生根的香港主廚，增加許多港式料理，目前菜色為臺式與港式參半，讓客人在口味上多了選擇，能品嚐干炒牛河、星洲炒米粉，也可以大啖麻油雞、蒜頭炒飯等古早味。

霧峰是香米的故鄉，在地種植的益全香米具有芋頭香氣，在電鍋蒸煮時就能聞到米飯香。霧峰農會更進一步用香米製酒，成立酒莊創造「初霧」品牌，生產純米吟釀與燒酎，在議蘆也能邊吃飯邊小酌。

褪去神秘色彩　親民魅力打開知名度

議蘆餐廳原址是昔日的臺灣省議會議員會館，當時座上賓客皆是達官貴人，交際應酬談論政商大事，不是一般人可以進來用餐的，充滿神祕色彩。

民國 91 年，霧峰農會總幹事黃景建希望推廣在地農特產並協助家政班員開創事業，當時正逢臺灣省議會裁撤，原議員會館想委外，於是農會標案接手經營，整修老舊裝潢後，議蘆餐廳就此開張。「剛開幕時最大的難題是，民眾依然以為是公家單位，不敢進來用餐。」餐廳創業元老張淑玲說，這裡以前是省議會，除了中秋節等大節日特別開放之外，平常不開放民眾入內，因此對新開幕的餐廳望之卻步。

▲ 議蘆餐廳氣派的外觀

創業元老 回憶點點滴滴

張淑玲是議蘆餐廳創始元老之一，也是唯一至今還在議蘆工作的元老，最熟悉議蘆的故事。她回憶，民國 88 年 921 大地震過後，在地一群農家婦女參加農會家政班，民國 91 年進駐農會開設的議蘆餐廳，媽媽們一邊創業貼補家計，一邊重建家園，從家庭主婦變職業婦女，利用下午餐廳休息時間跑回家打掃、煮晚飯，讓孩子放學後可以加熱吃飯，自己再回餐廳上班。熬過兩邊奔波的辛苦日子，可算苦盡甘來，當年的創業夥伴大多退休含飴弄孫了。

經營 4 年後，農會推廣做出口碑，加上後山有中心瓏登山步道，是臺中人都熟知的休閒去處，登山之後就近找地方用餐，「可以進去省議會吃飯」這件事才逐漸廣為人知。議蘆用餐空間寬廣，場地可提供喜慶宴客、團體聚餐。由於餐廳特殊的歷史背景，多年來，老議員們每年固定在 5 月 1 日回到議蘆聚餐，敘舊憶當年，只是近年的疫情加上老議員年紀大了，才暫停舉辦聚餐。

香米、洋菇與清酒 食材變美食

霧峰是菇的故鄉，尤其以洋菇最有名，民國 60 年代有「洋菇王國」稱號，全世界最大的金針菇生產工廠也位在霧峰，霧峰還設有菇類主題博物館，在議蘆可以吃到麻油雙菇、黃金杏鮑菇等等的菇類料理。90 年代的霧峰還有「香米故鄉」的美譽。在霧峰發揚光大的益全香米，就是臺農 71 號稻米，名字取自培育者郭益全博士，他在霧峰的農業試驗所研發香米，讓霧峰農民在稻米競賽屢屢獲獎，廣受消費者好評。在地人自豪地說，吃慣了霧峰香米，不想改吃別種米。

◀ 洋菇麻油雞加入清酒別有另一番香氣

議蘆的人氣料理蒜頭炒飯，僅用香米拌了豬油與醬油，是百吃不膩的古早味。蒜頭嚴選雲林生產，小技巧是爆香使用的豬油，加了些沙拉油，吃起來才不會膩。菜單上沒有的香米丸子，為隱藏版的創意料理，剛好入口的小丸子，組合了蝦米、花枝、豬肉等，外裹粒粒香米，採用蒸煮方式發揮出香米本身的香氣與清甜。而香米特別選用「五甲地特別栽種米」，是霧峰農會為了守護土地與環境，與農民契作了五甲地，使用友善對待土地的耕作方式，為無農藥、無化肥栽種的益全香米。

熟客必點的洋菇麻油雞，則有一種私房吃法，讓麻油雞湯滾了之後再淋上清酒，而這清酒也是在地滋味，是霧峰農會酒莊生產的初霧清酒，曾多次獲國際酒類金牌獎。擅長說菜的領班顏淑瑛說，清酒洋菇麻油雞是進階吃法，電視主持人兼廚師詹姆士來錄節目時提議的，他們試著照做，發現湯頭變得更滑順，雖然沒有寫入菜單，不過熟客都會主動要求。

香米丸子是隱藏版料理（上）▶
古早味蒜頭炒飯（下）

議蘆餐廳營業時段為 09：00-14：00、17：00~21：00，提供午餐及晚餐，全年無休。荔茸香酥鴨、脆皮炸子雞以及隱藏版料理香米丸子，需預約。洋菇麻油雞可現場選擇是否另加清酒。用餐價格另加一成服務費。

必買　益全香米、初霧清酒
必吃　蒜頭炒飯、香米丸子、洋菇麻油雞

議蘆餐廳
臺中市霧峰區中正路 734 號
0423338818

夢想的發源地
賽德克族的生態與傳承

原夢觀光農園

別出心裁的
原住民料理！

原夢觀光農園之所以成立，是天災逼出來的。民國 88 年，921 震災重創中部，位於南投仁愛山區的原夢觀光農園現址，一夜醒來房屋變成危樓。幾年之後，敏督利颱風七二水災來襲，原本已經花了幾年重建的家園再受重創，花了好多時間興建與養殖的鱒魚池，短短 3 秒就從眼前消失。

原夢觀光農園女主人江嬌媚說，但我們不願放棄。當年 921 後，仁愛鄉農會家政班開始積極培訓在地婦女發展第二專長，編織、用在地食材做餐飲。72 水災後，江嬌媚成立「田媽媽—伊娜 I-Na 泰雅田園料理班」，要用餐飲重建家園，並在賽德克族正名成功後，改名為如今的「原夢觀光農園」。「我們原來有夢，我們要找回原住民的夢」，那個夢，是族人面對生活的不放棄，是希望家園充滿生態與文化傳承的夢。

原夢觀光農園位於埔里前往清境農場的臺 14 線岔路上，是造訪「夢谷瀑布」的必經之地，他們一家人在此蓋了民宿，開了田媽媽餐廳，養了鱒魚，種了蔬菜水果，更結合部落族人用石板、木頭、樹皮與白毛草，蓋了傳統的穀倉與家屋，遊客前來，除了可以用餐、吃飯、DIY，更能在主人帶領下認識賽德克族生活與文化。

眉溪部落　蝴蝶的故鄉

臺灣號稱蝴蝶王國，小小島嶼就有蝴蝶 400 多種，其中包含約 50 種臺灣特有種。南投又是蝴蝶王國中的王國，整個南投縣約可見蝴蝶 300 多種，而原夢觀光農園所在的「眉溪部落」就可見到 200 多種。

眉溪部落位於南投縣仁愛鄉南豐村，附近有眉溪、南山溪、夢谷瀑布等水域，自然生態資源豐富。日治時代，因為擔心賽德克人叛亂，許多部落被迫打散或遷移，眉溪部落也曾經歷一大段的動盪時光。日治時代日本人就已發現南投蝴蝶種類十分豐富，光復之後的民國 50 到 70 年代，更是臺灣蝴蝶標本大量外銷年代，當時眉溪部落許多族人也靠捕抓蝴蝶維生，送到埔里鎮上的木生昆蟲博物館販售。

原夢觀光農園一旁有著族人興建的 ▶
傳統穀倉與家屋，
導覽解說賽德克族文化

▲ 原夢觀光農園二代王孝良設計的獵人套餐

自然保育觀念起步後，當地不再捕抓蝴蝶，而是開始保護，並曾於民國 87 年封溪，保育溪流生態，也保護蝴蝶棲地。每年 5 到 7 月是最佳賞蝶時節，運氣好的話，不時可見上千隻蝴蝶群聚溪邊飛舞。早年原夢觀光農園家人也曾靠捕蝴蝶維生，也種過梅子、養過鱒魚，並在 921 與敏督利天災後，改為經營民宿、餐飲等觀光業，並積極參與生態保育於賽德克族文化傳承。來到原夢，除了探訪這些故事、欣賞蝴蝶，還可品味來自馬告、刺蔥、小米、樹豆、肉桂等多樣香料料理，感受這片土地的滋味。

紅豆糯米飯　木桶蒸熟滿是香

原夢觀光農園的招牌「紅豆糯米飯」，其作法是先將糯米泡水 8 到 10 小時，泡水同時可以先煮紅豆，將紅豆煮到將熟未熟的粒粒分明與鬆鬆沙沙後，接著以紅豆水泡糯米，將糯米泡紅。接著將糯米與紅豆混在一起，裝進傳統的原住民木桶後蒸熟，起鍋後的飯，有著紅豆的深紅與淡淡的糯米粉紅，入口後是糯米的香甜與紅豆的鬆沙口感，非常好吃。

王孝良說，這道「赤飯」並非傳統原住民食物，而是日治時代日本人帶來的米食文化，

並在他們這賽德克部落流傳了下來。由於糯米與紅豆都帶著喜慶的紅，因此這道米飯成為部落裡歡迎貴賓的料理。它不困難，但需要時間，而那蒸煮的時間，就是一種耐性與一種文化意涵的包容與醞釀。這些年，王孝良二代回鄉跟著父母一起做料理，並自己開發多樣創意新

◀ 獵人套餐中香氣四溢的紅豆糯米飯

菜色，希望用原住民的食材、嶄新的手法，以餐桌料理來呈現賽德克故事，「但只有這一道赤飯，我不想改，也不要改，要一直堅持這傳統煮法走下去。」

原夢目前供應多樣傳統菜，也供應這套由王孝良研發的「獵人套餐」，除了赤飯，還會包含原住民馬告樹豆湯、原味鹽烤排骨、紅酒馬告醃帶皮三層肉、洛神沙瓦、地瓜沙拉等等 6、7 道菜。其中別錯過樹豆湯。樹豆總被戲稱為「原住民威爾鋼」，事實上它也確實號稱「豆中之王」。通常一顆樹豆含有 55% 的澱粉、20% 的蛋白質，還有維生素 E、維生素 B1、維生素 B2、鋅、鐵、與多樣人體必需氨基酸。由於樹豆一年僅有一收，產量不高，加上日本人也喜愛，有不少外銷需求，因此這些年價格飆到每斤 250 元以上，有時缺貨更飆到一斤 800 元以上。

蒸地瓜

蒸地瓜是王孝良得意料理，它很簡單，就是蒸地瓜，差別在於這地瓜沒有經過水煮，而是從大火慢慢轉中火再轉小火，透過火候改變讓地瓜外觀完整且把甜度鎖在中心，全部蒸煮過程大約 2 到 3 小時，接著燜 1 小時，讓地瓜的甜透過時間慢慢釋放出來，入口時會有一種介於蒸地瓜與蜜地瓜之間的甜度，頗受遊客喜愛。

原夢觀光農園位於南投仁愛鄉農會原鄉驛站展售中心附近，也是前往夢谷瀑布必經之路，風光頗好，夏季是蝴蝶飛舞旺季，是最好的旅遊時機。疫情期間，原夢觀光農園因部落防疫意識高，因此要前往時，務必先去電洽詢訂位。目前餐廳也在埔里暨南大學校園內開設餐廳，也接受訂位。

必吃 紅豆糯米飯、馬告樹豆湯、蒸地瓜

原夢觀光農園
南投縣仁愛鄉南豐村松原巷 80 號
0987-239826

嘉義六腳　農村傳統包粿粽 唇齒留香

QQ米香屋

QQ 好吃的
芋粿巧

還相當程度保留著傳統農村生活樣態的六腳鄉，幾位農村
婦女共組的田媽媽班，也十足保存了地方米食與文化，
QQ 米香屋是全臺唯一、完全以生產米食食品的田媽媽。

從古早以來，隨著歲時節慶，農村家戶就會製作甜粿、菜頭粿、
發糕、湯圓、肉粽之類的食品，祭天敬神。都市化生活型態快速席捲，許多地方的人們
不再有那麼多時間、精力去製作這些「媽媽的、家鄉的、兒時的」美好滋味與記憶。

QQ 米香屋讓已經成為「婆婆」的「媽媽」們，帶著第二代、第三代，以長糯米、圓糯米、
蓬萊米、在來米為食材基礎，堅持仍以最實在的用料，做最傳統的口味，讓人們不會因
為少了草仔粿、紅龜粿、芋粿巧、肉粽的滋味，而減損了生活步調中該有的儀式感，這
應該也是 QQ 米香屋最寶貴的存在價值。

傳統農村　作物多樣

北邊有北港、新港，南邊有朴子、故宮南院，夾在中間、隔著北港溪與雲林縣為鄰的嘉
義縣六腳鄉，除了蒜頭糖廠，似乎不那麼被人們所熟知，前兩年電視劇《用九柑仔店》
在此拍攝主場景，鄉間一時熱鬧了起來；多數時候，六腳還是個安靜樸實，讓人感覺定
心舒適的農村。

六腳鄉農會總幹事陳宥樺表示，六腳大致是個雜糧區，以種植青稞玉米為最大宗，其他
像是小番茄、小黃瓜、苦瓜、有機彩色甜椒、蘆筍、馬鈴薯、毛豆等都有種植，還有現
在很夯的「嘉義極光」哈密瓜，返鄉從事農作的青年有增加的趨勢。

QQ 米香屋算是「田媽媽」創立的原型，
也就是農會鼓勵其所屬家政班班員共同創
業，民國 91 年成立時，班員共有 7 位，
黃謝翠花是當年的班長，將傳統四合院旁
邊增建的車庫改成「灶腳」，大夥兒一起
做粿包粽子。黃謝翠花回憶道，以前是自

◀ 每一顆肉粽都細緻費工

實在的堅持
讓人放心

孫子女都已成年的阿嬤黃謝翠花，熟練地揉捻著糯米糰，請她端起她的成品一起拍照，帶點靦腆卻好可愛的笑容，是那種讓人想起自家阿嬤的溫暖。「以前做了東西拿去市場都不好意思叫賣，家政班輔導以後就在這裡做，很固定、很好」，「經常3、4點就要起身工作，我們要給客人新鮮的，不能擺隔夜，能做多少才接多少單，品質顧好最重要。」

己做了各種粿讓兒子帶到臺南的市場去賣，農會的人員常常經過聞到香味，想讓傳統手藝得以傳續，才成立了田媽媽。「我們都是用米做的食物，草仔粿、鹹粿、紅龜粿等，隨著年節拜拜，什麼時候就做什麼，節慶前會特別忙碌」。20年忽焉過去，成員們年歲漸長、體力無法負荷，所幸黃謝翠花的女兒黃玉好已然接得上媽媽的手藝，繼續米香屋產品的製作與經營銷售，孫女黃怡亭、義孫徐健瑋在正職工作之餘，也都會來跟著學習幫忙。

用時間醞釀的好滋味

過年要做年糕、發糕，端午要包肉粽，歲時祭祀普渡都會用到草仔粿、紅龜粿，這些米食跟傳統生活緊密結合，是一種時候到了就該有的儀式感。

無論用的是長糯米、圓糯米，或是蓬萊米、在來米，製作前都需要至少3、4個小時的浸泡，然後再磨成漿、脫完水、做成糰；不管以什麼形式成為成品，過程需要蒸、煮，完成後多半都需要放涼才能包裝，這些，都是「時間」。

草仔粿看似無奇，原料用的是長糯米，粿皮要能 Q 彈不會太黏就得功夫，內餡的處理更費工。高麗菜、紅蘿蔔、芹菜等，每一種蔬菜都需要先汆燙、瀝乾、細細剁切，然後再下鍋煸香；豬肉餡是另一道工序，再者，各種食材如何拿捏比例、調出最適合的香氣與味道，草仔粿在包裹之前的準備是最耗費時間與精力的。

紅龜粿用的則是圓糯米，內餡可以包紅豆、花生、綠豆，QQ 米香屋採用朴子種植的有機紅豆、綠豆，花生則是在地的 9 號花生，自己炒、自己研磨成花生粉，味道獨特，還可以加入火龍果。

肉粽或油飯用的是長糯米，浸泡至少 1 小時，內餡用在地的溫體豬肉，配料的香菇、魷魚、蝦米、油蔥，都得在大鍋內分次爆炒，再加入自己炒的九號花生，飯粒油亮軟而有勁，香氣逼人，無論節慶或平日自用、送禮，都有大量的訂單。

整潔安排有致的廚房兼工作間，阿嬤黃謝翠花站在機器前關注著製作艾草粿的原料揉捻，「現在有這個好多了，以前用手揉到腰都直不起來」；走到另一端的矮桌前，看著女兒黃玉好熟練地揉好米糰，孫女、孫子幫忙把每一個米糰秤重，將內餡包裹成形，阿嬤也加入分工有致的行列，看著三代一起傳承努力，那滋味與他們手工做出的米食一般，醇厚飽滿、暖在心頭。

▲ 紅龜粿可做花生、紅豆等口味

小小的紅磚屋在六腳鄉農會南向拐往鄉公所的大三岔路口旁，找不到也沒關係，店面不一定每天都有開門，突然跑去很可能買不到喔。米食品項包括草仔粿、紅龜粿、芋粿巧、菜頭粿、肉粽、油飯、糯米腸，全部都採取電話預定。

必吃　草仔粿、紅龜粿、芋粿巧、菜頭粿、肉粽、油飯、糯米腸

田媽媽 QQ 米香屋

嘉義縣蒜頭村 190-9 號
05-3801392，0932-890213

生力農場

優雅的
以茶入菜

臺 18 省道通往阿里山的路程中，行政區屬於嘉義縣番路鄉的隙頂、龍頭一帶，海拔 1000 公尺至 1200 公尺的高度，經常出現雲霧層疊翻騰的自然美景，成為攝影愛好者經常造訪取景之處，而這個區帶也是阿里山高山茶的重要產區，生力農場是其中「元老級」的茶廠，田媽媽餐廳則是近三年成立的。

生力農場「田媽媽」羅秀梅女士與先生黃榮增，民國 71 年就上山開墾，原來在山間採筍，爾後開始學種茶、做茶，茶葉拿到冠軍，羅秀梅得到神農獎，茶園的面積從隙頂拓展，還有座茶園在達邦。廚房手藝就是在這段辛苦種茶的期間，為了款待上山買茶的客人而磨練出來，長期在農會家政班的進修學習，也有相當的助益。

孩子完成學業後回到山上幫忙家業，羅秀梅的好手藝擅長傳統「手路菜」，長子黃昶豪與長媳郭孟慈除了咖啡、西點之外，也加入媽媽的行列，專研茶餐，在自家茶廠的二樓成立了田媽媽餐廳，讓旅人品茗享美食，一次滿足。

雲海茶園景色佳　阿嬤手路菜入餐廳

阿里山遊憩不只是森林遊樂區，從阿里山公路的臺 18 省道往北，一直延伸到 166 縣道與 162 甲縣道的區塊，大致是竹林茶園居多的漢人區帶；臺 18 南側山嶺間則是鄒族世居的領域，單是臺 18 省道，從觸口的「天長地久橋」開始，就有不同的自然與人文風景，隙頂茶區與二延平山看雲海、賞百萬夜景，算是上山行程中，第一個值得停留的區塊。

隙頂再往上的石棹地區，都是因為阿里山公路開通後才逐漸興盛的茶產區，茶園分布一直往高海拔拓展，連鄒族世居區域的達邦乃至里佳都開闢了茶園。生力農場的黃榮增、羅秀梅算是公路開通後就進入墾拓的茶農。

管理茶園還要負責行銷的羅秀梅說，「做菜、開餐廳也是跟我的茶葉行銷有關」，原本只是招待買茶的熟客，諸如花椰菜乾、滷筍乾、滷豬腳、梅干扣肉、醬筍

▲ 傳統菜與茶料理並融

白手起家
　　自創一片天

從竹崎鄉來到番路鄉，羅秀梅女士從不會做茶、不懂喝茶開始接觸茶產業，買地開闢茶園、種茶、製茶、賣茶，一起做茶的先生是農會產銷第一班的創始班長，羅秀梅在農會家政班也做了3任的班長，製茶高手同時習得烹飪廚藝，「一次做個四、五桌菜沒問題」，「炊粿、包粽、做點心，我可以當老師了」，羅秀梅著實是白手起家、從無到有，自創一片天地。

魚等拿手菜頗受好評，「直到孩子大了，比較有人手，也考慮到傳承，所以才接受大家的建議，正式開餐廳，加入田媽媽系統」。

原本就有餐廳、廚房，決定申請田媽媽也獲得核准之際，羅秀梅以中央廚房的規格重新設計廚房，另外還包含長媳郭孟慈所需的專業烘焙設施。一切就緒後，不巧碰上嚴重的疫情來襲，但他們還是挺過來了。廚房工作由二代分擔，「他們年輕人會花心思去研究茶餐料理」，羅秀梅說，「老客人指定要吃我的菜，雖然兒子已經能夠接上手，我還是會親自下廚」。

花椰菜乾爽脆懷古 茶葉料理變化多樣

羅秀梅常被客人指定的一道菜是花椰菜乾料理，據說前總統李登輝也來此吃過這道菜。一朵朵的新鮮花椰菜，得經過至少3天日曬曬乾，料理前先泡水軟化，除了可以煮湯，拿來清炒，或搭配香菇、肉絲拌炒，加點辣椒、蔥花，一盤口感香脆的花椰菜乾料理就噴香誘人。

自家栽種許多竹薑，曬乾的竹薑片口含或泡茶均可，使用大量的薑片入鍋以苦茶油煸香，

放入土雞肉塊，持續煸炒至熟透，苦茶油雞的外皮酥脆，肉質飽實軟嫩。運用茶葉的料理非常多樣，酥炸金萱茶葉，上桌前灑點椒鹽，甚至淋上蜂蜜，簡單料理卻滋味豐富；以阿里山紅茶、中藥材、醬油、冰糖為滷汁慢火細燉的紅茶豬腳，熟透之後還要靜置一個晚上讓滷汁入味，如此處理過的豬腳，皮Q彈不會軟爛，口感清爽不油膩，還散發著淡淡的茶香，相當討喜。

茶香檸檬魚則採用烏龍茶湯搭配泰式醬汁調製，魚肉的鮮甜在檸檬與茶香中加倍提升，甜中帶點微酸的滋味，十分開胃。另一種魚的料理使用自己醃漬的醬筍，搭配無刺虱目魚肚煎香，或者其他魚種蒸煮，呈現自然的酸香氣味。

蔬菜都是自家栽種或阿里山區當季時蔬，諸如龍鬚菜、佛手瓜、高麗菜、南瓜。湯品則包括暖胃的烏龍茶雞湯、烏龍茶排骨湯，或者明日葉蛤蜊排骨湯。餐廳目前都採無菜單料理方式，視當季食材做配搭，有媽媽開發傳下來的古早懷舊味，也會有二代的茶葉創意料理。

▲ 爽脆好吃的花椰菜乾料理

生力農場田媽媽餐廳採無菜單料理，且需7天前預約。非住宿旅客用餐分2人（五菜一湯）、3-4人（六菜一湯）、5-7人（七菜一湯）與8-10人（八菜一湯）。餐廳位於二樓，窗外就是漂亮的茶園景致，午後時而飄來雲霧繚繞，在戶外座位來個糕點、咖啡或紅茶的下午茶也挺不錯。

必買　焙香烏龍茶、阿里山紅茶
必吃　無菜單料理

生力農場
嘉義縣番路鄉公田村隙頂9之5號
05-2586785

各種筍料理
好鮮美

「這兩年多的疫情嚴重，『一晴』不用做廣告就很紅了」，位處茶山部落內的田媽媽「一晴食坊」裡，女主人陳裔晴與先生許霹耀開玩笑地說著，爽朗與幽默一點也不輸這裡的原住民。

一晴食坊雖然是在民國 107 年申請加入「田媽媽」，但陳裔晴早在民國 92 年就開始掌廚，當時大概是茶山村開始為外界認識的第一波旅遊高峰期，茶山休閒農業區在幾年後成立，她與先生也是休區內的成員之一，她的餐飲頗受好評，自己也喜歡接受新知，才在農會的不斷鼓勵下，加入田媽媽行列。

人稱「晴姊」的陳裔晴講求的是「不食不時」，換言之，就是用當地最當季的食材為主，調理入菜，由於聚落裡還有多數的鄒族，來到一晴食坊不僅可以嘗到山區漢人擅長的竹筍料理，也可以同時享用道地的原住民風味餐。

移民新天地　原漢和諧共榮

打開谷歌地圖如果沒有放到夠大的比例，阿里山鄉的茶山部落是不存在的，連通往部落主要的道路「嘉 129」鄉道也看不到，只出現上阿里山的臺 18 省道，與曾文水庫旁的臺 3 省道。這條蜿蜒在山間的道路，從北邊的阿里山公路往南，依序會經過三個鄒族部落：山美部落、新美部落與茶山部落，這些地方在日據時期是新闢的農場，鄒族人當時幾乎都還在北邊高山上的達邦與特富野，國民政府來臺後，屬於達邦大社的鄒人，才從里佳部落陸續移墾遷居至此。

位於最南側的茶山部落，往南可連接那瑪夏，往西則是曾文水庫區域，因此除了鄒族，這裡居住著的還有布農族與漢人。茶山開始較為外界知悉，始於二十幾年前由「老村長」的李玉燕創辦的「涼亭節」，那之後才有較多的遊客進入僻遠的山區。從傳統的農作逐漸導入部落

深居山間
無礙求知創新

雖然做菜好多年了，客人也都靠著口耳相傳，越來越多，陳裔晴專心於這間只接受預約的餐館，每一段時間在食材的烹調，都還會有創新的想法與嘗試，「不用天天都開門，守著為數不多的臨時過路客，這樣更有時間參加進修研習，讓自己多一點學習與思考，希望能夠激發出更多在地食材的創意運用。」

▲ 所有餐點皆使用在地及當季食材
充分展現山村料理的精采

文化與生態旅遊的茶山，在民國 98 年的八八風災受到重創，年輕一代將茶山涼亭節再深化，將農事、耕作、生活文化導入套裝遊程中，茶山才又開始活絡起來，現在不只周休二日，平日也會有團體或散客到訪。

「我們這裡沒有很多的硬體建設，保持最自然的生活文化樣態，這才是特殊，也是遊客願意來這裡的原因」，陳裔晴笑笑地說著。

熟稔季節產物特色　創造多樣風味

雖然名為「茶山」，但並不是以茶為主要產物，咖啡也是近年才栽種的，最多的是竹筍，轎篙筍、麻竹筍、冬筍依時序產出，也是本地料理的主要食材。

轎篙筍是產季最長的農作物，質地軟嫩是很理想的高纖維健康料理食材，一晴食坊的「轎篙筍扣肉」就是用在地生產最新鮮的筍子做烹調，選用油脂較均勻的五花肉，以薑、蒜將肉拌炒到金黃，再加入自調的醬汁慢慢燉滷；滷汁同時也拿來滷竹筍，兩者交相融合、互相搭配，吃起來順口，滋味濃郁不顯油膩。

八、九月是麻竹筍的盛產期，「我們會把筍桶的部分拿來醃漬成醬筍」，將筍桶切成塊狀加入鹽巴、蔭黃豆豉，大概三個月就可完成，配稀飯白飯，或者拿來炒青菜都很好用。陳裔晴的「醬筍苦瓜雞」則是取醬筍的鹹、酸去帶出雞肉的甜味，用苦瓜讓湯頭回甘，佐以適量的枸杞，幾種滋味絲絲交織動人。

把醬筍切成碎片，加入薑、蒜頭、醬油、一點黑胡椒調成醬汁，放入無刺的虱目魚肚、豆腐一起蒸煮，「醬筍會提升魚的鮮味，兩者相當契合」，過程中又能讓豆腐吸汁入味，是一道融合山海滋味的料理。

十二月是孟宗竹的季節，陳裔晴說，我會用竹筒當食器，竹筒蒸蛋就是其中之一，一次性使用的竹筒在蒸的過程中會釋放出天然的甜味，客人的反應都很不錯。

鄒族的烤肉、烤魚、烤香腸喜歡用一塊大鐵網吊在炭火烤爐上，像盪鞦韆般，邊烤邊晃地讓肉的油脂瀝出，在原民部落內的一晴食坊，也能品嚐到那樣的粗礦豪邁，如同採摘野菜快炒、酥炸，都是很接地氣的好味道。

很受歡迎的炸野菜與炸地瓜 ▶

依季節產物設計的無菜單料理，10 人一桌，包括 8 菜 1 湯，最好至少提前 3 天預約，除了在地食材料理，也提供部落風味餐，兩天一夜的住宿旅客，可做晚餐與隔天中餐的變化搭配。

必吃 轎篙筍扣肉、竹筒蒸蛋、醬筍苦瓜雞等無菜單料理

一晴食坊

嘉義縣阿里山鄉茶山村 96 號
0937-356215

夏

古法製麵 規矩中不受限

鹽水意麵工坊

古法製作的
日曬麵條

謹遵古法製作，傳承特有質地口感，還能在不失原味中，開發符合年輕世代需求的新產品，同時以多元管道拓展既有市場，鹽水鄉農會意麵工坊靠的是「規矩中的不受限」。

傳統的鹽水意麵是細條狀，百年來都是如此，年輕的農會總幹事邱子軒到任後，經市調找到新世代的喜好，也符合現代人簡單料理的便利，開發出波浪狀寬版意麵，使用國產麵粉、鴨蛋，加入傳統中沒有的玉米粉，從「規矩」的原料製法中升級，勇於挑戰百年既定樣態的「不受限」，就是「規矩中不受限」的絕佳體現。運用現代技術與觀念，將傳統製麵的每個環節具體數據化，採用增進效率且仍保有手工質感的機械製麵，設計出管控更好的日曬環境，同時提升了品質的穩定性與產品的衛生安全，都是不拘泥的與時俱進。

產品只在自有門市與農會超市販售，另闢多種電商平台通路，不搶既有商家生意還拓展更大的市場，能做到這些，不受限地嘗試開創外，重點更在於規規矩矩地堅持鹽水意麵的好品質。

韻味古鎮 鹽地農村活力堅韌

提到鹽水，第一個反應通常都是「蜂炮」；因為 10 年前（民國 91 年）首度舉辦就紅透半邊天的水上燈節，「月津」的印象逐漸植入人心；來到街區，要不看見「意麵」的招牌都很難。在臺灣，能同時擁有幾個代表意象的小鎮，著實不多。

由臺南區農業改良場研發育成的「臺南 7 號」、「臺南 8 號」釀酒用高粱，則是鹽水新興的農作，兩種皆為散穗型的高粱，耐梅雨、耐旱的特性，適合中南部一期、二期栽種，且產量與出酒率都高於金門栽種的品種，目前鹽水與學甲是兩大產區。

鹽水意麵製作出的多樣美味料理 ▶

發揮行銷長才 靈活管理

借重學界擅長的食材比例研究、營養分析、作業規範、食品安全等教育訓練，讓傳統製麵流程規格化，進而規模化，總幹事邱子軒不時到工廠了解製作細節、發現問題、改善解決，希望朝高標準的 HACCP 努力；同時正在建立進銷存系統，以便做到精準的管理，內部控管得宜，對於行銷也更能施力。

名為「帥哥番茄」的鹽地小番茄，名氣幾乎已經與鹽水意麵等量齊觀。在地農民將位處灌溉末端的地理劣勢，以及不利耕作的鹽鹼土壤，雙雙化為優勢，種植出微鹹微酸且會回甘的小番茄，它不像玉女那樣甜，滋味卻相當獨特，成為無可取代的價值，即食鮮果之外，也可做成果乾。

做為傳統美食代表的「鹽水意麵」，在飲食快速多樣化的現今社會，除卻遵循古法之外，自然也要有一套與時俱進的作法，才能維繫，甚至開創出新的局面，這樣的改變正在鹽水農會的「意麵工坊」持續進行著。

製作流程標準化 意麵 Q 香衛生

在鹽水鄉農會任職進入第 37 年的推廣部主任丁淑玲，是成立「鹽水田媽媽」的推手，民國 92 年成立時，成員共有 6 位，當時以五穀雜糧饅頭、鮮奶饅頭、包子等產品為主力，贏得不錯的口碑。

丁淑玲說，後來面臨人力問題，農會於是在民國 94 年與嘉義大學進行產學合作，擇定以「鹽水意麵」發展為特色地方產業的目標，建構工廠，並由農會僱工方式管理運作。民國 96 年正式轉型，多年來，逐步改善製麵設備、環境，同時透過研究、數據標準化等努力，才有現今意麵工坊的規模，除了自有品牌，也承接代工生產業務。

製程加入適量鴨蛋，並以竹篩盛放經過適度的日曬乾燥，是鹽水意麵特殊之處，如此遵古法製作、會同時散發出蛋與竹子香氣的，才是正宗的鹽水意麵，至於這個「適量、適度」就是學問了。

鹽水農會意麵工坊蔡美新與 3 位夥伴邊做邊說明整個製作流程：多少公斤的麵粉要加入幾顆鴨蛋，機器攪拌多久、靜置多久，如何讓麵產生最佳的筋度；麵團需經過幾道反覆碾壓，「醒麵」需要多久時間，才可以進行「分條」以及「手工捲麵」？每個環節都「斤斤計較」，才能做出最佳與穩定的品質。

▲ 手工意麵禮盒（上）
　用心製作意麵的工坊（下）

鹽水農會所屬的意麵工坊，產品銷售的實體通路在鹽水農會本部門市，農漁會超市、大型量販店也有鋪貨。線上通路則在農會官網與電商平台，主要產品包括傳統意麵、日曬意麵（寬麵）、帥哥番茄果乾，以及搭配意麵的蔥香肉燥。

必買 傳統意麵、日曬意麵（寬麵）、帥哥番茄果乾

意麵工坊鹽水農會門市
臺南市鹽水區中山路 49 號
06-6521111

夏　宜蘭員山　重拾野薑花回憶 吃火鍋採野菜

花泉田園美食坊

現採現吃的
野菜火鍋

宜蘭員山有多處天然湧泉，生態資源豐富，花泉田園美食坊位在員山的花泉農場，農場主人楊六科、李麗秋以「自己也敢吃、不使用農藥」的耕作原則，復育了當地原本茂盛的野薑花，並且以湧泉為賣點，讓親子遊客體驗戲水樂。

遊客玩水玩累了喊肚子餓，農場就從一碗 5 元的魯肉飯開始做起餐飲，慢慢的發展成野薑花主題餐飲，吃的喝的都是自家種的有機野薑花，包括野薑花醋、花茶、薑雞湯、野薑花蔥蛋等等。野薑花葉粽有甜的、鹹的共三種口味。野菜火鍋以野薑花塊莖為湯頭，先帶領客人到農場認識各種野菜，想吃什麼，自己動手摘採，好吃又有趣。

復育野薑花　夏季飄清香

花泉農場這塊地最早是蘭陽溪舊河道，野生野薑花滿地長，建堤防之後，野薑花不再茂密，長輩開始種稻。等到楊六科與李麗秋來經營農場，便開始在這塊土地上畫起了藍圖。

楊六科原是福山植物園導覽解說員，李麗秋則擔任過幼稚園老師，兩人對生態教育都有使命感，他們首先思考著什麼植物適合在這塊沼澤濕地上生長，思來想去，決定重拾野薑花的回憶，復育過去河道旁常見的野薑花。如今每到 6 至 10 月，滿園白色花朵如白蝴蝶飛舞飄送清香。

員山水塘多，自然生態豐富，楊六科利用源自蘭陽溪的天然湧泉，以生態工法建造戲水區，泉水純淨，泡腳沁涼又可抓魚蝦，水上盪鞦韆也是孩子的最愛，是一處適合親子玩水的好所在。曾從事幼兒教育的李麗秋，本想脫離教育圈，轉行經營農場後，近年陸續推出食農

▲ 優雅舒適的用餐環境

教育與農業療育，致力於帶領孩子認識食材與大自然生命力。時常穿梭樹林與野薑花田講解生態的她，笑自己生來是老師的命。

楊六科夫婦的願望就是種自己也敢吃的菜，農場園區完全不灑農藥，他們的小女兒在農場長大，走路還搖搖晃晃時就喜歡拔草放進嘴裡，野薑花到手就吸吮花蜜汁，李麗秋形容女兒就像是神農嚐百草，也成了農場最可愛的代言人。

趣味解說　歡笑聲不斷的田媽媽

花泉農場男主人楊六科原是福山植物園導覽解說員，女主人李麗秋擔任過幼稚園老師，兩人都擅長帶領活動，充滿趣味。例如「歡迎來花泉（花錢）！」「拍照時要說地瓜『葉』（耶）！」「山（三）蘇是誰？二蘇的弟弟啦！」幼教老師出身的李麗秋尤其擅長雙關語導覽解說，活潑有趣。帶領採野菜時，會說「看起來都是草對不對？」接著她就蹲下去，起身時就一把鴨兒芹在手，小朋友常被逗得笑呵呵。

開發野薑花的「潛力」

「野薑花人人愛，但沒有經濟效益怎麼辦？」農場初創，兩人苦惱時，一位中醫師朋友告訴李麗秋，野薑花乾燥後據說可安神，這提示打開他們的任督二脈，努力開發野薑花的「潛力」，並且以野薑花為餐飲主題增設「花泉田園美食坊」。

▲ 使用野薑花葉與金棗的晶棗粽

花泉田園美食坊開發出野薑花的用途有三處，包括葉子、塊莖與花。取得有機認證的野薑花葉，拿來包粽子，最早產品是肉粽，使用自家的野薑花塊莖，加上精心挑選的各地食材如宜蘭梅花豬肉、雲林蒜頭、基隆劍蝦等，由於食用材用得好、有特色，每年一到端午節前夕，肉粽總是供不應求，需要出動全家好幾雙手一起包粽。而一家人包粽好功夫來自李麗秋的媽媽，「媽媽很會做料理，不僅是包粽，鳳梨豆腐乳也是跟媽媽學的手藝。」

包粽包出名之後，李麗秋有一天突發奇想，既然員山以金棗產地出名，就使用鄰居種的金棗以糖、鹽加工，外包水晶皮，冰過之後享用，保留水果的酸甜，又吃得清涼，「想說試作看看，沒想到客人很驚艷。到臺北希望農場擺攤時，有人一買，隔天又來，馬上被掃光。」成了人氣商品後，他們決定給它取個好名叫「晶棗粽」。另一款紅豆水晶粽，使用屏東久盛農場、不用落葉劑採收的紅豆，先泡水 4.5 小時後煮 1 小時，再炒 1 小時，「炒到覺得手快斷掉，就是好了。」這樣費力，為的是炒出具有鍋香味的紅豆餡。

野薑花塊莖燉薑雞湯

野薑花塊莖也有妙用，拿來燉薑雞湯，香如嫩薑，又沒有薑的辣。野菜火鍋則以塊莖、當季蔬果熬煮湯頭。李麗秋會先帶客人到農場現採野菜，現燙來吃，有過貓、水薄荷、龍葵、空心菜、地瓜葉等等，她對客人說：「菜很多，吃不夠的話，再自己去拔。」

▲ 現採現吃的野菜火鍋（左）
　野薑花莖雞湯散發嫩薑的香氣（右）

花泉農場可體驗戲水與各種 DIY 活動，野薑花蔥煎蛋等料理皆現做，野菜火鍋現場體驗摘採，皆需預約。

必買 晶棗粽、紅豆水晶粽、椒麻醬、豆腐乳
必吃 野菜火鍋、野薑花塊莖燉薑雞湯

花泉田園美食坊
宜蘭縣員山鄉尚德村八甲路 15-1 號
0919-221506

官夫人田園料理

哈密瓜沙拉
甜蜜好滋味

　　宜蘭壯圍位於蘭陽溪下游，為農業鄉鎮，由於日夜溫差大，又屬砂質壤土，極適合種植哈密瓜，所產哈密瓜又脆又甜，是臺灣的哈密瓜之鄉。最早種植的新世紀哈密瓜原產於新疆哈密，現在還有阿露斯、極光等品種。

來到壯圍除了欣賞田園景觀、品嚐哈密瓜鮮果，新南地區將哈密瓜農產結合休閒產業，可吃可玩。「官夫人田園料理」的官燿金與張金霞夫婦，將哈密瓜做成醬瓜，不但是人氣伴手禮，在現場也能享用醬瓜特色料理，像是哈密瓜雞湯、哈密瓜仔肉，讓哈密瓜有了鮮果外的多種吃法。

其他各種瓜瓜料理，也都是使用在地食材為主來推廣地方特色，就連一碗米飯也有保育水鳥的心意。此外，官燿金還設計了各種農事體驗與遊程，讓遊客從玩樂中了解哈密瓜生態。

研發醬瓜　讓哈密瓜找到第二春

發展哈密瓜主題餐之前，官燿金經營的是草莓園，是新南地區第一個種草莓又開放採草莓的果園，當時張金霞賣的是自己醃製的烤香腸。民國 96 年加入田媽媽之後，成立「官夫人田園料理」，開始以哈密瓜料理為餐廳特色，成立於同址的「官老爺休閒農場」，則以體驗農業活動為主。開啟了「玩的找官老爺」、「吃的找官夫人」的官官相護傳奇。

餐廳最具特色的哈密瓜醬瓜，原料來自所謂的「瓜仔尾」，是留在藤尾沒有疏果的哈密瓜，因為個頭小、甜度低，無法銷售，瓜農過去不會白費力氣去採收它，只有老人家自行醃漬當私房菜。

哈密瓜在端午過後採收，有一年採收期之後，官燿金到蘭陽溪畔一眼望去，河床上好多沒採收的瓜仔尾，只等著下雨沖進河裡結束它的生命，他覺得可惜，於是跟張金霞研發如何運用，發現做成醬瓜能帶出

餐廳最具特色的哈密瓜醬瓜 ▶

愛放閃的哈密瓜俠侶

官燿金與張金霞是夫妻檔,一個經營官老爺休閒農
場,一個負責官夫人田園料理,分別管玩樂與吃喝,
而兩人既是事業夥伴,感情與默契也很好,時常先
鬥嘴後放閃,就像哈密瓜的滋味,總是甜蜜蜜。

甜度且口感清脆,於是推廣給新南農家,並加以採購,讓原本沒人要的瓜仔尾有了第二
春,帶動新南社區另一項哈密瓜產業。

哈密瓜雞湯 打響瓜料理名氣

官夫人的瓜料理之路,從一道哈密瓜雞湯開始。張金霞說,這道雞湯說簡單也是挺簡單
的,就是煮瓜仔雞的方式,將哈密瓜醬瓜斜切後,放於水中慢火煮開,煮成透明色代表
鹹味已釋放,這時放入已汆燙過的雞腿肉與香菇,不需另加鹽巴。

哈密瓜雞湯是官家的家常菜,張金霞跟著婆婆學,加入田媽媽之後,她受邀到宜蘭縣政
府參加活動,在中庭煮這道雞湯,香味把人都吸引圍聚過來,根本就不需要廣播。後來
的兩、三年,她到處煮哈密瓜雞湯做宣傳,靠著湯的香氣,打響了官夫人瓜瓜餐的名氣。
日後壯圍其他餐廳也學做,她也大方不藏私,直接公開醬瓜與雞湯做法,還讓遊客在休
閒農場 DIY,並且提供食譜,讓客人帶回家照著做。哈密瓜醬瓜另一種應用是做成瓜仔

肉，同樣可在餐廳品嚐，再帶回食譜如法炮製。

以哈密瓜入菜之外，官夫人的瓜瓜風味餐還有多
道以瓜為主題的料理，比如張金霞的炸南瓜，將
南瓜與地瓜切絲，像日式天婦羅油炸，也是客家
人婆菜的一種，吃起來外酥內軟，大人小孩都喜
愛。張金霞特製的南瓜炊粉，連鄰近的媽媽們都
覺得厲害，許多熟客是衝著南瓜炊粉而來。

▲ 哈密瓜瓜仔尾做成的瓜仔肉（上）
　香氣逼人的哈密瓜雞湯（下）

新南田董米 強調水鳥保育

張金霞希望客人不僅僅是吃一頓，還能夠多認識
在地農民對生態保育的努力，她的米飯使用新南
田董米，為壯圍新南地區的品牌。田董是一種鳥
類，在官燿金兒時田裡時常可見，牠的叫聲就是
「董！董！董！」，但後來幾乎絕跡，為了讓下
一代再聽到田董的聲音，官燿金率先響應水鳥保
育，打造人鳥共享的水田，不使用農藥與化肥，
人與鳥都能吃得安心。最令在地人高興的是，近
年田裡再度出現田董蹤影，這也表示生態環境逐
漸恢復了。

官夫人田園料理瓜瓜風味餐，需預約，合菜分為 2500 至 5500 元四種價位；人數
少可選擇個人套餐，每人 450 元。官老爺休閒農場農村體驗活動，包括炒冰、豆腐
乳、微酵糀、蔥油餅等 DIY，以及竹筏與秧桶船體驗。可購買豆腐乳、哈密瓜醬瓜
等漬物當伴手禮。

（必買）豆腐乳、哈密瓜醬瓜
（必吃）哈密瓜雞湯、南瓜炊粉

官夫人田園料理
宜蘭縣壯圍鄉新南村霧罕路 3 號
03-9253517

爾緣餐館

自家養的
健康好滋味

　　璽緣餐館開在純樸的宜蘭冬山鄉間小路旁，鄰近山靈水秀的梅花湖風景區，主要提供中式餐點，客人都是衝著招牌料理白斬雞而來，使用的是田媽媽張桂英養的雞。

張桂英是養雞達人，很用心的養雞，從環境與飲食開始注意，雞群養在自家不灑農藥的柚子園中，讓牠們在樹下自由散步，吃的是蔬菜等健康飲食，不用生長激素，不打抗生素。吃得好、有運動，自然健康。以不調味的白斬雞吃法，最能吃出肉質的好。此外，也推出了鹽酥小卷、鮮蟹米粉鍋等用料豪邁的海鮮料理。近年開發的伴手禮，如紅蔥雞油，使用的是自家雞油與費力處理的紅蔥頭；兩款口味的蛋糕，甜蛋糕「梅花鹿」造型可愛，鹹蛋糕口感獨特，為餐館添增新滋味。

返鄉練功夫變大廚

璽緣餐館田媽媽張桂英與先生，在老家種著冬山主要農產柚子，同時在柚子園裡養雞，最多曾養到上百隻雞。直到張桂英的先生健康出問題，在臺北從事電子業的兒子莊文志為就近照顧，與太太唐儀林返鄉，一起經營璽緣餐館。

餐館戶外是大片柚子園，內有一處養雞場，柚子與雞都開放讓客人觀賞。張桂英笑說，雞群養在柚子園很好，牠們可活動，又可幫忙除草，還可以給沒見過雞走路的小朋友觀賞，一舉數得。

這裡主要養的是黃金雞，供應自家餐館；部分閹雞為特定客戶指定，成本高，價格較貴。雞群裡有一隻特別帥氣的雞，品種為「梵天雞」，在臺灣又稱「婆羅門雞」，腳脛有羽毛，體型高大，一眼就看出與眾不同。莊文志說，梵天雞身價是一般雞的三、四倍，但肉質較柴，臺灣人不喜歡，在這裡不是養來吃的，而是觀賞用。至於一直沒灑農藥的柚子樹，由於目前他們主力放在餐館上，不主動賣柚子，但還是常有老客人指定非買不可。

餐廳供應的是自家養的健康雞隻 ▶

養雞達人的 「雞經」

田媽媽張桂英專業養雞十多年，這經歷還沒有包括兒時家中的養雞經驗。說起她的雞，張桂英自豪地介紹品種為黃金雞，身體羽毛多黑色，脖子偏黃色。小雞階段吃飼料，約 2 個月大後，慢慢改吃菜葉，就像嬰兒斷奶般逐漸換吃食物，「不能全部一次換掉飼料，還要觀察牠們肯不肯吃菜葉，不吃菜就要再給點飼料。只要吃慣菜葉，牠們也不會想回頭吃飼料了。」

必點招牌料理白斬雞

璽緣餐館最大特色就是自家養的雞，因為對肉質很有信心，不加以烹調與調味的白斬雞，最能吃到雞肉的原汁原味，是餐館裡的必點招牌。

白斬雞好吃的秘訣，客人可以自己親自到柚子園裡做見證。這裡的雞群很健康，在不噴農藥的柚子樹下散步，牠們的飲食也透明化的給客人看，吃的是玉米、菜葉、麵包以及廚房剩餘飯菜，喝的是牛奶。唐儀林說，黃金雞肉色較白，婆婆養雞不使用生長激素，不打抗生素，也由於運動量夠，肉質有彈性，不油不柴，雞皮有脆度。

▲ 脆皮多汁的白斬雞

雖然冬山鄉不靠海，但針對喜愛吃海鮮的客人，餐館還是設計了幾道海鮮料理。例如「鹽酥小卷」，選用大隻的小卷，不切小塊，而是整尾入鍋油炸，一上桌就讓人感到霸氣。「鮮蟹米粉鍋」也是豪邁角色，用料為蟹、菇類、芋頭、小貢丸與米粉等等，搭配清爽口味的湯頭，並加入宜蘭人做西魯肉必備的炸蛋酥，米粉與蛋酥吸飽湯頭，吃起來與一般火鍋有不同滋味。

近年唐儀林研發出幾款伴手禮，讓客人除了在餐館享受美食，也能買些產品回家。像是「紅蔥雞油」使用自家養的土雞所提煉的雞油，紅蔥頭則是整顆買來自己剝皮、切絲。至於吃法，唐儀林建議就像豬油一樣，可用來拌麵、拌飯，也可以如同在餐館吃到的一樣用來拌青菜。另外還有兩款新產品蛋糕，一款為鹹口味，使用了自製肉燥、三星蔥與特調奶油，口感如奶凍捲，唐儀林建議冰過之後享用，滋味更佳。另一款為甜口味，使用巧克力與藍莓醬，蛋糕體為可愛的斑點造型，取名為「梅花鹿」。

▲ 豪邁的鮮蟹米粉鍋（左）
　可愛的梅花鹿蛋糕捲（右）

璽緣為中式餐館，鮮蟹米粉鍋 5000 元以上合菜才有包含，若要單點須事先預約。紅蔥雞油、兩款鹹甜蛋糕可選購當伴手禮。營業時間為 11:00-14:00、17:00-20:00，每週三公休。

必買 鹹甜蛋糕捲
必吃 白斬雞、鹽酥小卷、鮮蟹米粉鍋、紅蔥雞油

璽緣餐館
宜蘭縣冬山鄉得安村鹿得路 113 號
03-9616511

達基力部落屋

特別香氣的
七葉蘭

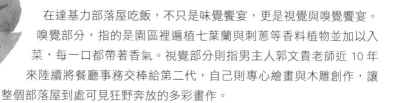

在達基力部落屋吃飯，不只是味覺饗宴，更是視覺與嗅覺饗宴。嗅覺部分，指的是園區裡遍植七葉蘭與刺蔥等香料植物並加以入菜，每一口都帶著香氣。視覺部分則指男主人郭文貴老師近 10 年來陸續將餐廳事務交棒給第二代，自己則專心繪畫與木雕創作，讓整個部落屋到處可見狂野奔放的多彩畫作。

「達基力」是花蓮縣秀林鄉崇德村一帶的老地名，這三個字在太魯閣族語裡意指「石頭很多的地方」，也帶有「魚很多」、「漩渦」與「美麗」之意。相傳這是 300 多年前太魯閣族先人從南投翻越中央山脈來到立霧溪流域，有些定居天祥、有些選擇砂卡礑、有的住在大禮部落，而來到現今崇德村這邊的族人，放眼望去太平洋就在眼前，魚多、海浪大、藍天白雲優美且漂亮大理石眾多，就此命名「達基力」。

20 多年前，出生花蓮萬榮太魯閣族部落的郭文貴老師從學校教職退休，與太太彭秀蘭一起在娘家現址開了達基力餐廳，一開始只是擺個兩桌開展退休後新生活，卻慢慢發現可以透過部落美食傳遞太魯閣族文化，於是，一邊料理、一邊說太魯閣族故事、更一邊成立「達基力文化藝術協會」推動原住民文化美學，20 多年後，現在的達基力已經成為一個擁有 30 張桌子，可同時容納 300 人用餐，並為族人創造 20 多個就業機會的部落餐廳。

七葉蘭 在山海交接處飄香

七葉蘭不是太魯閣族固有食材，更不是臺灣原生種作物，它主要來自東南亞，是泰國、馬來西亞、新加坡等國家非常日常的食材，也許榨出汁液當天然綠色素為食物調色，也許加入麵包、甜點、餐飲，會帶來一種高雅的芋頭香。

野生七葉蘭不多，人工培育也很挑環境，但因有著很好的藥用價值，數十年前有人從越南引進並以一株就達數千或上萬元高價販售，一度風靡臺灣。這很挑環境的植物來到達基力卻意外非常適應，天然野放就自己長得相當翠綠。

太魯閣族食物一向簡單，通常是一盤主食一鍋菜。主食也許地瓜、芋頭或小米，鍋菜則是把當天打獵或採集得到的食材統統一起大鍋煮，各種野菜肉類匯成一鍋，並利用馬告、刺蔥等香料調味去腥，香草植物就是太魯閣族最好的調味聖品，也非常願意接受，這也是七葉蘭進入達基力瞬間成為主角的主因。

七葉蘭的香氣溫和，可帶來很好的愉悅感又不會過度搶味，用來烤雞、烤魚、烤肉非常對味，搭配臺灣原住民固有的刺蔥與馬告香料，就此成為達基力招牌。

來達基力用餐，都是改良後的太魯閣族菜色，盡量使用當地農夫或自家菜園種植的山蘇、洛神、木瓜等瓜果蔬菜，呈現繽紛美感。用餐環境會焚燒檜木木屑驅蚊，並有部落婦女以傳統工法織布呈現太魯閣族傳統文化。還可預約用完餐後以每人 50 元費用請主人帶領走入後方園區步道，透過石雕、作物，導覽太魯閣族生活文化與飲食文化，看看七葉蘭、刺蔥，還有罕見的刺果番荔枝等作物，並可欣賞郭老師工作室與畫作，遠望附近的清水斷崖山海壯闊，感受臺灣土地之美。

一人專長一道菜　道道都繽紛

達基力部落屋由一家人共同經營。爸爸郭文貴老師專心藝術創作，媽媽彭秀蘭負責垂簾聽政與種菜，擅長精品咖啡的大女兒麗娟在園區一角開了半露天的舞鴒咖啡，二女兒毓娟嫁到新店，喜愛精油與手工皂並在園區內開了禮品專區，身材高䠺的三女兒淑娟是園區行銷與行政總管，小兒子政魁與媳婦是達基力內場主廚，負責大部分的菜餚。

除了自己家人，達基力也把族人當家人，平常總有 10 多位族人一起幫忙打理菜餚與庭

▲ 達基力部落屋擁有自然寬闊的用餐環境

▲ 風味獨特的原民特色菜餚

園，到了假日旺季有時 20 多位族人一起幫忙，大多各有分工，有的很擅長烤魚，有的擅長烤肉，有的會編織，有的很懂招呼客人，就這樣個有專精，讓達基力的菜餚都有一定品質，網路上有很好的口碑。食材部分，因為傳統太魯閣族人吃慣的山豬肉太硬且少油花，因此現在主要運用東部好山好水飼養的黑毛豬五花肉做燒烤；烤雞一樣選擇東部飼養雞隻，以桶仔雞方式燜烤保水，並在雞體內塞入七葉蘭等香草植物，讓雞肉嚼起來帶著香氣。

烤魚更是多數人喜愛的招牌，運用東部清澈溪流水源養出的臺灣鯛，以粗鹽包覆後放木炭爐上燒烤，上桌後把魚鱗魚皮一起掀開，入口就是甘美鮮活的水嫩嫩魚肉，點菜率最高。上述這些燒烤類較為耗時，最好都能先預訂。

食農小學堂 　原住民傳統食材有粟（俗稱小米）、稗、小麥、旱稻、甘藷及山芋等農作物為主，並以採集的野菜或狩獵，山豬、山羌、溪魚及海產等為主要食物。原住民的傳統烹調方式相對簡單，通常是以生食、水煮、燻烤及醃漬為多，燻烤及醃漬都是因為需要將食物保存，沒有太多的調料，維持食物原有的風味。

點餐方式是選擇客單價，分一人 350、450 或 550 元三種，依價位不同往上加菜，基本款會有七葉蘭燻雞、鹽烤豬肉、香腸拼盤等約 8 菜 1 湯，想嚐更多菜色可選更高客單價或單點加菜。達基力位於蘇花公路鄰近太魯閣口，假日遊客多，請先預訂。

必吃 原味鹽烤魚、七葉蘭烤雞、香蕉糕

達基力部落屋
花蓮縣秀林鄉崇德村 96 號
03-8621033

 立秋無雨最堪憂，萬物從來只半收

 在臺灣也是七娘媽誕辰稱為「七娘媽生」。七娘媽就是七星娘娘，為護佑兒童的守護神。七夕當天，會在床上或床邊擺設麻油雞、油飯、七張刈金和婆姐衣等祭拜床母（婆姐）

 紅雲日出生，勸君莫出行

中元節是農曆的七月十五日，又有七月半、中元普渡、鬼節之稱，是祭祀孤魂野鬼的節日也是佛教的盂蘭節。 民間在這天都會殺雞宰豬，準備極為豐盛的酒肉祭品，祭拜祖先與陰間鬼魂，普渡眾生，祈求平安祥和。

 白露大落大白

 立秋無雨最堪憂，萬物從來只半收

 農曆 8 月 15 日為中秋節，傳統中中秋祭月是為慶祝秋季的豐收，感謝神靈的庇佑，是一個酬謝神恩的節日，除了牲禮之外，也會製作糕餅謝神，在傳統臺灣的月餅 又稱月光餅，是以蕃薯為材料，口味甜而不膩，鬆軟可口。隨者時代的改變，越來越多無負擔及充滿巧思的糕餅，讓中秋節有更多的選擇。

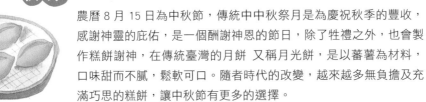

寒 露 白露水，寒露風

農曆的 9 月 9 日為重陽節，俗諺説九月九日，佩茱萸，食蓬餌，飲菊花酒。茱萸是植物的果實而食蓬餌就是所謂的糕點，而飲菊花酒為了驅邪避凶，都是延年益壽的原因。另外鄭板橋寫道「佳節入重陽，持螯切嫩薑。」重陽吃蟹也是對應時令的重要美食。

 霜降稻仔齊，牽牛就加犁

秋

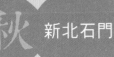
田媽媽的三低一高好滋味

北海驛站石農肉粽

北海岸石門肉粽，這是民國 70 年代伴隨十八王公廟信仰人潮而發展起來的肉粽產業，沿著濱海公路臺 2 線一路前進，有劉家、俞家、蔡家、陳家、王家、李家等，是臺灣北部粽最集中的區域，其中由石門農會成立的田媽媽「石農肉粽」，曾創下一個端午節賣出 55 萬顆紀錄，平均每天每位田媽媽要手工包上 1 千顆，平均 30 秒就要包好一顆，甚至有幾位田媽媽手藝高超一天可包 2 千顆，動作快得宛如街舞般精采。

石農肉粽口味多樣，傳統粽、古早味粽、蛋黃粽、南部粽、小肉粽、素粽等，還有獨創的芋香櫻花蝦粽，除了南部粽外，其他都是先把糯米炒到香氣四溢再包裹進粽葉裡的北部粽，每一口都是香氣，也是目前北海岸石門眾多店家中銷售量排名前三的肉粽，加上低油、低鹽、低糖、高纖維三低一高的田媽媽料理精神，成為當地地方媽媽喜愛的健康滋味。

十八王公信仰　帶動石門肉粽百家爭鳴

北海岸石門之所以發展出肉粽產業，主要原因是十八王公信仰。民國 70 年代臺灣經濟起飛但國民素養還沒跟上，當時各種奢華與酒店消費文化充斥，大家樂賭風盛行，帶動求暴富求明牌等信仰。當時北臺灣正流行騎車與開車夜遊北海岸，十八王公廟恰好位於旅遊線上，加上當時許多酒店客人的工作內容偏向業務或投機，因此形成酒店小姐與客人一起夜遊北海岸拜十八王公陰廟求生意興隆求明牌風氣。

當時深夜的北海岸總是人車吵雜，人潮一多就帶動餐飲消費，一開始許多攤販聚集廟門口販售油飯與麻油雞等可以飽足充飢的餐點，但座位少無法快速營運，因此有攤位將油飯轉變成可祭拜又可帶著走的粽子並引發效尤，隨後又有攤販發明「買十八顆粽子拜十八王公」口號，瞬間粽子大熱賣，成為與十八王公信仰緊緊相連的商品，遊客人稱「十八王公粽」。香火最鼎盛時，整個廟門口聚集大約百來家攤販，其中 50 多家有賣肉粽。

香客人潮最多那時，慢慢的粽子產業就此在石門成為重要產業代表，最多時有 50 幾家，儘管目前十八王公信仰熱潮不再也還有 10 多家粽子店，並均有不錯的生意，這也是神明留下的禮物與對地方的照顧。

臺灣各地食材 匯集一顆好滋味

石農肉粽口味多樣，除了一款南部粽外，其他都是先把糯米炒到香氣四溢再包裹進粽葉裡的北部粽，差別只在配料不同，目前最熱賣是每顆 45 元的「古早味肉粽」，其次是每顆 30 元的小顆「傳統肉粽」，每顆 55 元的「芋香櫻花蝦粽」。

內部的米飯與配料全部都是臺灣食材。其中米飯主要選自濁水溪等中南部第二期稻作的圓糯米，因為新米不耐蒸，所以至少陳放半年或一年讓其水分消散，如此更利於蒸煮定型且 Q 度足夠。香菇主要採用臺中新社農會有產銷履歷的鈕扣菇，小小的、圓圓的，香氣很足且口感較嫩。花生主要採用宜蘭海濱沙地花生，香氣足。櫻花蝦來自東港，芋頭盡量挑選石門與金山在地生產，產季外則選用中南部芋頭。豬肉是有 ISO 與 CAS 認證豬肉，鴨蛋黃與菜脯則來自嘉義。亦即每一顆肉粽，吃到的都是臺灣食材匯集的滋味。

粽葉部分，因臺灣產量少價格高，主要靠進口，並區分金黃色與綠色兩款。其中金黃色稱為桂竹葉，事實上這不是竹葉，正確説法是「籜葉」（籜音同拓），它是竹子的特化葉片，是生長於竹節環上的包覆鞘狀物，摸起來厚厚的，有金黃褐色斑點，用它來包北

◀ 嘉義的鴨蛋蛋黃與蘿蔔乾、新社的鈕扣菇，每一款都是臺灣在地食材滋味

▲ 金黃色的籜葉（左）、Q 彈的米飯（中）、耗時耗工的手工粽（右）

部粽最適合，因為一次一片葉子就夠，很省事且聞起來會有股筍香味又比較不黏米。綠色則主要是麻竹葉，摸起來薄薄的，泡水後會有討喜的油亮草綠色，加上耐煮、可較嚴實的包覆住糯米，煮後香氣較濃，因此用來包南部粽最適合，但一次都要用上兩三片葉子，一片葉子約 1.6 元，成本相對較高。

食農小學堂 古人運用植物的葉子來包裹食材再以藺草綑綁，對照今日是相當環保的「包材」。臺灣常見的粽葉大部分都是以竹葉為主，常見粽葉包括麻竹葉、桂竹葉、綠竹筍葉、月桃葉、野薑花葉、荷葉等等因為取得方便，加上葉面光滑盛裝粽料時不會沾黏糯米加上竹葉耐久煮，烹調後還會散發淡淡清香，炎熱夏季品嚐起來竟然也令人心曠神怡。

石農肉粽沒有內用空間，必須外帶，或者也可透過官網、網路電商等等管道冷凍宅配。到石門農會門市買粽子，歡迎進到農會供銷部內，裡頭有石門鐵觀音、茶米酥餅、罐裝的石門鐵觀音茶飲等等商品可選購。

 傳統粽、古早味粽、蛋黃粽、南部粽、小肉粽、素粽、芋香櫻花蝦粽

北海驛站石農肉粽
新北市石門區石門村中央路 2 號
02-26381005

茶鄉茶香料理　炒雞香魚麵線都美味

快樂農家米食餐飲坊

鹹香迷人的
茶油料理

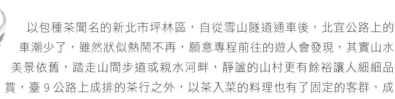

　　以包種茶聞名的新北市坪林區，自從雪山隧道通車後，北宜公路上的車潮少了，雖然狀似熱鬧不再，願意專程前往的遊人會發現，其實山水美景依舊，踏走山間步道或親水河畔，靜謐的山村更有餘裕讓人細細品賞，臺9公路上成排的茶行之外，以茶入菜的料理也有了固定的客群，成立於民國100年的「田媽媽快樂農家米食坊」就是屹立十幾年的老店。

走進餐廳，成排三層的塑膠籃內擺著各種葉菜、南瓜、絲瓜等蔬菜，「今天有香魚嗎？」、「來一盤茶油麵線、兩塊豆腐」，已經不用看菜單就點了幾道菜，連續進來幾組客人都是如此，肯定是這裡的常客。舉目看到的蔬菜全都是翁嫦娥女士自己種的，茶油炒雞、雞湯所用的雞肉也是後面雞舍裡養的，山村家常料理，經過田媽媽專業輔導培訓，端出來的菜不走華麗路線，講求的是實實在在的用料與茶油食材散發的好滋味。

親水爬山去處多 坪林田媽媽補元氣

金瓜寮溪、鰱魚堀溪也闢有自行車專用道，遠離北宜公路，時而穿過茶園、時而進入林蔭，景致美麗多變，散步走個一小段也非常適宜。喜歡爬山健行者，這裡也有九芎根登山步道、金瓜寮魚蕨步道等，山林翁鬱、茶園展望開闊，非常適合半日、一日遊程，運動完回到街上就有美食可享用。

坪林快樂農家米食坊的客人，許多都是前來爬山運動而成了老主顧。田媽媽翁嫦娥本來也是種茶、做茶，農會家政班成員的她想改變工作型態，得知有「田媽媽」可以輔導幫忙，便邀集幾位夥伴，憑著日常就有的料理手藝，加上進修受訓考取中餐丙級證照，在自家一樓開了這家餐廳，有茶粿、茶香肉粽，還有各式茶料理。從成立以來，一晃眼也滿11年了。假

▲ 坪林茶園的優美景色

跟著翁嫦娥女士走到住家後方，雞舍養著幾十隻土雞，接著是一大片菜園，「今年雨水太少，有些菜都長不好」。餐廳裡用的青菜，九成都來自這裡，市面上常見的蔬菜如空心菜、小白菜、地瓜葉、紅菜之外，還有少見的「角菜」，馬齒莧、昭和草、龍葵也可成為餐桌菜餚，從茶園換到菜園都能照顧管理得宜，聽她說著菜園的事，有種滿足幸福的感覺。

日就會到餐廳幫忙的兒子傅佳健，看著母親漸漸有點年紀，在餐廳成立幾年後慢慢接手，辭掉外面的工作，全部精神擺在餐廳，抓住媽媽的料理滋味，自己也不斷精進廚藝，讓餐廳即使遇到這幾年的疫情，還能穩定地經營。

巧用坪林茶油 自家土雞蔬菜受歡迎

坪林田媽媽—快樂農家米食坊的菜色，許多都跟「茶油」相關，這裡用的茶油是坪林包種茶樹籽新鮮榨取而來。坪林區農會有一座茶油示範工廠，摘取安全的茶樹樹籽，經過陽光曝曬、去外殼取茶籽仁、再送入機器炒製焙烤、壓榨取油，爾後還需沈澱、多重過濾、靜置大約兩周，才能取得琥珀色透明的茶油。帶有堅果與些許麻油的甘甜香氣，坪林的茶油耐高溫，油質安定，煎煮炒炸均適合，也適合四季進補，溫潤的油質也不會過於沈重膩口。

茶油麵線料理很簡單，手工麵線煮熟後伴入茶油，加一點薑絲、紅蘿蔔提味、伴色，清淡爽口又開胃養生。店裡的人氣料理：茶油炒雞，用的是土雞腿肉，茶油把薑片煸香到

微焦，切成肉塊的雞腿肉與黑棗下鍋拌炒，雞肉外層開始上色，黑棗也散發它的香氣，加入少許米酒、鹽，加蓋悶熟、收汁便能起鍋；如果再與糯米搭配就成為茶油雞飯。茶油煎香魚也是媽媽開店就有菜色，傅佳健說：「魚的本身就有淡淡的香氣，配上茶油，兩者相當契合，煎出來的味道……絕配」，難怪老客人一進來就會問「今天有香魚嗎？」。

坪林在地有家老牌的豆腐店，這裡就用板豆腐煎到表皮有點焦，然後再加以紅燒，來的客人都會點上一份。此外，滷豬腳、炸溪蝦、炸溪哥魚、茶油櫻花蝦蛋炒飯，加上一兩盤每日現採的青菜，一鍋茶油雞湯，豐盛與飽足滿滿。

▲ 翁嫦娥餐廳用的蔬菜幾乎都來自她的菜園及自己養的雞

食農小學堂 茶油（茶籽油）跟苦茶油不一樣嗎？茶油（茶籽油）是一般製茶用途之茶樹所結的果實而生產的茶油，茶樹的樹形屬灌木矮樹，嫩葉可製茶外，果實亦可榨油。一般在 10 月底採收。兩種油香氣和口感略有不同，各具優點，營養成分都不錯，建議兩種油可以搭配食用。

假日前來用餐最好先預約，以免久等。店內消費可以用 LINE Pay 支付，LINE POINTS 折抵無上限。每週一公休。

必買 包種茶粽、茶粿
必吃 茶油雞湯、茶油煎香魚、茶油炒雞

快樂農家米食餐坊
新北市坪林區北宜路 8 段 141 號
02-26656041

福樂休閒漁村

秋冬之際
烏魚子體驗！

烏魚不算特殊魚種，它廣泛分布於熱帶、亞熱帶及溫帶水域中，世界上很多地方都有，但只有臺灣不只將之視為美食，更與年節與宴客文化緊密相連。烏魚產業從荷蘭據臺時期就已有文字記載，300 多年下來它總非常守信的在冬至前後 10 天、烏魚卵最肥美時大舉來臺，所以有人稱之為「信魚」，但這野生信魚已經被我們吃到快要無法守信。

目前臺灣 9 成都是養殖烏魚，最大產地在雲林口湖，其他包含嘉義布袋、臺南將軍等西南沿海也有養殖場，但近年因氣候不停暖化，緯度偏北的竹北養殖烏魚異軍突起，技術成熟、品質穩定，愈來愈受重視。

位於竹北的福樂休閒漁村主人郭宮寶與陳智慧夫妻在此養殖烏魚 20 多年，民國 104 年加入田媽媽班後，更利用烏魚子與烏魚創造烏魚子蘿蔔糕、烏魚子炒飯、烏魚丸、烏魚米粉、親手剖魚取卵教學農村廚房等多樣烏魚大餐與體驗活動，成為北臺灣認識烏魚與尋找烏魚食材最佳去處。

新竹竹北烏魚　竹科人也驚奇

竹北烏魚養殖基地主要集中在新竹市南寮漁港北岸，現為「水月休閒農業區」這一帶，年產量約 15 萬尾（此數字每年會有消長），大概佔全臺 7%，不算大宗。

雖然數量不多，但最特別處在於這裡是 60 多年前填海造陸而成的區域，緊鄰海濱，海水資源豐富，因此能以高濃度海水養殖魚蝦。一般說來魚蝦體內鹽度約 1.5 度，海水 3 度，生長在高鹽度海水中就要耗掉更多能量排解鹽分並因此成長緩慢但肉質細緻緊實，因此如果海水距離太遠、水質不佳或想偷雞，有人會大量添加淡水降低海水濃度，魚蝦就會長得快又省飼料，但也會肉質鬆散。

近年當地政府與協會積極推廣，不少竹科工程師也看到原來生活周遭就有優質烏魚，且因養殖技術不停進步，不只毫無土味且營養穩定甚至比野生烏魚更具豐富油脂，因此愈來愈受歡迎。

食農教育 親手剖魚取卵認識烏魚子

烏魚子怎麼料理？有人用高粱酒火烤、有人用噴槍快烤，有人用烤箱烤到硬梆梆、也有人用油鍋煎到酥脆。烏魚子，沒有一定的料理手法，但如果能現場嚐試不同料理方法帶來的口感差異何在？品嚐野生烏魚子跟養殖烏魚子的味道差異何在？能理解種種「為什麼？」這才能真正理解烏魚子並找到適合自己的滋味，因此福樂休閒漁村近年也積極推動食農教育。

▲ 有趣的農村廚房活動

福樂會於每年秋冬烏魚收成季節開辦「親手剖魚取卵」農村廚房活動，平常也有烏魚子燒烤教學、烏魚丸 DIY 體驗等等認識烏魚卵、烏魚殼（取完魚卵的烏魚稱為烏魚殼）、烏魚養殖生態等各種活動，讓吃不只是吃，還認識產業。

多樣烏魚料理 從卵到肉都美味

烏魚整批撈上岸，一定會有些魚卵完美，但也有些魚卵已經過熟或不夠熟。不夠熟沒太大問題，就是小了點、油脂少了點，但過熟就會成為怎麼樣都曬不乾的「油子」，甚至一烤就有油耗味。早年油子根本沒人要，但近年大家發現用它來烏魚子炒飯或製作蘿蔔

糕，本身的油香很足，油子從此翻身找到新價值。任何食材都一樣，只要好好運用，都能有新價值。福樂早期也用油子，但隨著養殖技術愈來愈好，油子很少，但用恰恰好熟度的烏魚子來炒飯或做蘿蔔糕，美味到成為福樂田媽媽招牌，入口都是烏魚子的香氣與口感。

▲ 烏魚 XO 醬，讓價格不高的烏魚殼，翻身成為受歡迎的香辣醬料

早年烏魚殼大多用來製作烏魚米粉，這幾年福樂則開發成 XO 醬，跟一般 XO 醬相比，這瓶一樣香辣，但卻多了許多烏魚肉的口感與嚼勁，搭配自製全麥麵包，也成為許多顧客心中的愛。

食農小學堂　竹北養殖烏魚歷史悠久，知名度卻一直不高，直到近年因氣候暖化，南部養殖烏魚常常到了結卵期卻因天氣不夠冷無法順利抱卵或烏魚卵太小，品質不優甚至養到賠錢，而緯度偏北的竹北就此受到市場矚目，號稱平均水溫 22℃ 與九降風吹拂，加上近年當地政府與協會積極推廣，且因養殖技術不停進步，不只毫無土味且營養穩定甚至比野生烏魚更具豐富油脂，因此愈來愈受歡迎。

建議可於 11 月到 12 月深秋時節前來，此時是當地烏魚子製作時節，冷冽乾爽的九降風吹得人喊冷，卻也吹出烏魚子的乾爽與美味。

必買　烏魚子、烏魚 XO 醬
必吃　烏魚子一夜干、烏魚米粉

福樂休閒漁村
新竹縣竹北市鳳岡路五段 155 巷 65 弄 86 號
03-5562690

台積電也喜歡的漁港鮮滋味

海岸風情

南寮漁港的
新鮮好味道

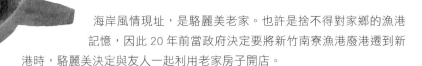

海岸風情現址，是駱麗美老家。也許是捨不得對家鄉的漁港記憶，因此 20 年前當政府決定要將新竹南寮漁港廢港遷到新港時，駱麗美決定與友人一起利用老家房子開店。

沒想到的是，也許是對海鮮漁獲的高敏感度，也許是努力學習累積的技術，海岸風情生意愈來愈好，甚至最後，還有台積電高層用過餐後一直邀請駱麗美到台積電內的員工餐廳開店，海岸風情也曾短暫前往，但最後仍決定好好守在這家鄉漁港旁好好經營，畢竟家鄉記憶才是初衷。現在的海岸風情，專門供應以魚類為主的簡餐，也許在地捕獲，也許國外進口，但可確保每尾都經過曾在漁會工作近 40 年的駱麗美檢驗過，每尾都有鮮品質。

南寮漁港舊港廢港已近 20 年，但 20 年過去，這裡反而在大家堅守與努力下，遊客數愈來愈多，成為新竹 17 公里海岸線旅遊起點，家鄉沒有沒落，海岸風情讓海岸更美。

見證新竹漁港變遷 海岸充滿風情

駱麗美老家就在「南寮漁港」，兒時家中經營漁船雜貨行，販售漁民出海時所需的釣線、漁網、蔬果、罐頭、機具等商品，民國 80 年代廢港後，南寮漁港一度蕭條，老家周邊無比荒涼。駱麗美說，這裡是她從小長大的地方，小時候人來人往合計近兩百艘漁船，每當烏魚、透抽、白帶魚等漁汛一來，她家門口就擠滿補貨人潮，豐收回來後的卸魚貨地點也在她家門前一帶。不忍如今的荒涼加上政府宣導將推動觀光，因此把老家整建為專賣新鮮魚獲簡餐的
餐廳。

由於自己在漁會工作，很早就接觸家政班，廚藝有一定水平，又有家政班同學合作與協助，加上政府積極經營南寮，在這老漁港旁鋪上木棧

道，又有波光市集、溜滑梯城堡與魚鱗天梯等多樣景點，讓這裡成為新竹 17 公里海岸線旅遊起點，海岸風情愈來愈有風情。

40 年漁會資歷 充滿親切與微笑

駱麗美從 19 歲起就在新竹漁會工作，直到 4 年前才退休。合計超過 40 年的漁會工作經歷，加上父親也是漁船船長，這讓她養成對於漁獲幾乎看一眼就能懂的專業，也讓她對新竹漁港充滿感情。最初與家政班同學一起開設海岸風情田媽媽餐廳時，她仍在魚市場擔任會計，每天半夜 3 點半就要到港邊，直到 10 點多拍賣結束才離開，接著就到海岸風情餐廳，幾乎醒著的時間都在工作，但非常認真負責與積極，讓她的菜色與微笑都有很好的口碑，是許多在地人與南寮遊客印象深刻的田媽媽餐廳，現在二代兒子與媳婦也都回家幫忙，這漁港旁的老家，持續有著人氣與生生不息。

烤鯖魚
油脂肥滿第一招牌

駱麗美的海岸風情，最大招牌就是各式海鮮，其中又以烤鯖魚套餐最被遊客喜愛。

鯖魚用的不是一般市面常常見已經去頭、並以薄鹽醃好的真空包裝鯖魚，而是整尾新鮮鯖魚自己加工與料理，呈現更天然的滋味，再搭配臺灣在地生產的蔬果與當季青菜，讓套餐十分富足豐富。

這套鯖魚套餐深受曾前來旅遊

◀ 招牌烤鯖魚（上）
可愛的套餐擺盤（下）

用餐的台積電高層喜愛，因此多年前曾力邀海岸風情前往台積電公司內部的員工餐廳開分店，並撥給一個完整餐廳空間。在盛情邀約下，駱麗美也前往營運一個月，但在蠟燭兩頭燒體力不堪負荷與希望把重心放在家鄉海港邊，因此現在只專心在南寮經營。

多樣海產　一眼就知新鮮

三杯中卷也是招牌。由於在漁會工作超過 40 年，爸爸又自己有漁船，駱麗美深知漁獲好壞，每年中卷盛產季節，她會自己到漁港挑選與競標，把最優質中卷買回後急速冷凍，等客人點餐後，一杯麻油、一杯醬油、一杯米酒，三杯加上九層塔、蔥段、辣椒、薑片，端上桌時，滿屋子都是香氣。

清燙白蝦也很一流，簡簡單單的蝦子水煮，靠的是溫度的掌握，讓蝦進入熱水中後熄火，等蝦色轉紅，在肉質已熟確又保留 Q 彈鮮甜那一刻快速撈起，入口都是蝦鮮甜與彈跳，非常好吃。其他各項菜單上的海鮮，也大多經由駱麗美親自檢驗與挑選，作為船長的女兒、漁會的會計，品質絕對可以放心。

▲ 鮮美的清燙白蝦

海岸風情位於海港邊，距離目前大受歡迎的魚鱗天梯等景點大約步行 5 到 10 分鐘距離，不是在最熱鬧的地方，確是在最有故事與歷史的地方。來訪之前可先訂位，並記得多跟田媽媽聊聊天，多聽一點在地漁港故事。

必吃　烤鯖魚、三杯中卷、清燙白蝦

海岸風情
新竹市北區南寮街 195 號
03-5364805

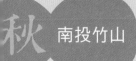

大地的
鮮果滋味！

「幸福田心」田媽媽之前還會自己手作貝果與果乾，但 2022 年開始只作冰棒，而且堅持只作冰棒。他們努力把冰棒這件事做到最好，選用天然水果為原料，其他都不添加，而且價格很產地價，一根純果汁冰棒 40 元，幾乎是目前同類商品中最平價的。之所以只以冰棒為主題，主要因為「這片土地最早就是製冰廠」。

這位製冰廠投資業者，就是蝦味先裕榮食品家族，他們當時決定離開山區前往高雄海港區發展，並因此創立了蝦味先，而這遺留下來的製冰廠當時就由幸福田心劉家人接手，並利用其固有的水力發電設施多元發展樹薯粉、製冰、麥芽等產業，隨後改為加油站，921 地震後成為健康食品廠，並在這兩年開始找回製冰的老路。

來幸福田心，沒有別的，就是吃冰。臺灣各地的水果滋味，芒果、鳳梨、火龍果、茶葉、西瓜、木瓜、檸檬，沒有乳化劑也沒太多加工與調味，就是打成汁後，利用不同結凍時程來營造色彩，入口後，就是滿滿消暑的臺灣大地鮮果滋味。特別利用在地鹿谷凍頂烏龍茶製作的茶葉冰棒，不要錯過。

臺灣水果冰棒　滋味最多元

臺灣水果，就像一列依循四季往前奔馳的味覺列車，酸的、甜的、香的、Q的、多汁的、甜中帶酸的，跟著春夏秋冬綻放不同滋味，各自精彩。而冰棒就像時光機，把這些臺灣水果的五顏六色與多變滋味，在它們最盛產、滋味最鮮美的時候用低溫保留下來，不只延續了這些鮮美水果的賞味期，更是夏季最好的消暑滋味。

南投地處臺灣中心，幸福田心周邊物產以竹山竹子、鹿谷凍頂烏龍茶為主，但南投確實水果資源不少，如信義鄉的梅子、埔里的百香果、名間的鳳梨等，且有不少小農種植木瓜、芭樂、火龍果、香蕉等水果。

除了在地物產外,幸福田心也把觸角伸到臺灣各地,包含玉井的芒果、西螺與花蓮的西瓜、大湖的草莓等,目前合計約有 10 多種口味冰棒。

最受歡迎是「芒果奇異果」,一根金黃色的芒果口味冰棒中,嵌著一片綠色奇異果,不只讓口味變得甜中帶酸,更讓色彩有了變化。

愛妻禮物貓頭鷹

幸福田心女主人林仙隔從小在南投鹿谷長大,大學時就讀靜宜外文系,畢業後曾在外貿公司上班,嫁給竹山的劉崇良後,就此回到南投,經營過安親班,開過幼兒美語補習班,也跟著先生照顧加油站與營養食品廠,並因為對烹飪甜點感興趣而加入家政班,因緣際會開啟田媽媽。目前田媽媽以冰棒為主題,並以兒子劉育奇的「奇」字作為品牌名「奇仔冰」,同時邀請娘家的姐姐林仙門等一起來幫忙照顧。由於林仙隔十分喜愛貓頭鷹,特別日語中貓頭鷹發音ふくろう(fukuro)類似「不苦勞」,是幸福象徵,因此竹山高中美工科科班出身的劉崇良,也努力在園區裡雕刻與彩繪各式各樣貓頭鷹,成為非常明目張膽、毫不掩飾的愛妻象徵。

▲ 貓頭鷹有幸福的象徵

烏龍茶冰棒　大自然的回甘

臺灣擁有得天獨厚的種茶環境,多樣海拔的高山與丘陵,孕育了千變萬化的茶韻滋味。目前全世界約 60% 的人口主要品飲全發酵的紅茶、35% 品飲完全不發酵的綠茶,剩餘的 5% 才是臺灣與中國最擅長的部分發酵茶與後發酵茶(例如普洱茶、酸柑茶)。

所謂部分發酵茶,就例如臺灣茶可細細區分成發酵程度約 10% 的包種、發酵 25% 的高山烏龍與凍頂烏龍、發酵 40% 的鐵觀音、發酵 65% 的東方美人等數種。其中包種講究清香,烏龍的香氣與喉韻最和諧,鐵觀音喉韻足又解油膩,東方美人更是臺灣特有,帶有熟果蜜香卻又清爽高雅。

▲ 運用新鮮水果做出口味豐富、
色彩繽紛的多樣冰棒

5％市場很小，卻在世界茶葉中佔有很重要地位，主要因為部分發酵茶就像葡萄酒般，
一點點的氣候、海拔與製程影響，就會帶來千變萬化的風土滋味。

多樣口味　宅配到府

最受小朋友歡迎的冰棒則是草莓牛奶，粉粉白白充滿了公主般的色彩。其他例如火龍果、
檸檬、木瓜牛奶、百香果、桂圓紅棗米糕等等也都是人氣商品。
目前第二代劉育奇也積極開發新口味與電商通路，要讓遊客除了來竹山吃到最果汁原味
的冰棒，也希望透過宅配擴大通路，讓臺灣水果有更高的產值與運用。

幸福田心位於前往溪頭的主要公路上，車流頗大，出入時要多注意前後來車。園區
隨時都有冰棒可享用，如想體驗蛋糕或烘焙等 DIY 項目，需先預約。前往時也別忘
記多看看男女主人從世界各地帶回或自行創作的貓頭鷹，或也可參觀一旁的養生健
康食品等多樣商品。

必吃 烏龍茶冰棒、草莓牛奶冰棒、火龍果冰棒

幸福田心
南投縣竹山鎮延平里東鄉路 3 之 9 號
04-92658350

秋

苗栗三義 擂茶馳名 客家菜道地實在

神雕邨複合式茶棧

料多豐富
好澎湃！

距離車流繁忙的水美街一小段路，三義木雕博物館獨立於鄰近的山丘上，顯得格外寧謐，旁邊的「四月雪小徑」每年的桐花季還會吸引大批賞花人潮，花季以外的時節也是熱門的賞景步道，位於木雕博物館旁的神雕邨複合式茶棧，提供了遊客、登山客實惠用餐的便利。

起初只做客家擂茶是「茶棧」名稱的由來，遊客陸續增加的時期，區塊內多為木雕商家卻少餐廳，茶棧女主人許鑾雪順勢增加營業項目，以婆婆親傳的客家料理手藝，再加入農委會田媽媽系統做更廣泛的精進學習，正式成為道地的客家菜餐館，一晃眼已過 20 個年頭。

客家菜餚外觀或少華麗，但用料實在且分量足是必要條件，神雕邨茶棧的客家菜便是如此，傳統特色菜如客家小炒、梅干扣肉、薑絲大腸、筍乾蹄膀、鳳梨炒木耳，一應俱全，三義鄉近年積極推廣的特色農產苦茶油，在這裡也有如苦茶油雞酒蛋等多種料理運用。

博物館聚落 賞木雕走山林

國道 1 號三義交流道往北，臺 13 省道兩側綿延上公里的水美木雕商業街，應是多數人對三義深刻的印象之一，以神像、藝術創作雕刻受到重視的三義木雕也成為苗栗縣的地方特色之一，全臺唯一以木雕為專題的公立博物館於是選定於此興建。三義木雕博物館民國 84 年 4 月開館，博物館所在的廣盛村小山頭上，也因它出現了新的社區，廣聲新城。全長約百來公尺的道路兩側，最盛時期聚集了 70 多家木雕工作室與藝品店，當時的總統李登輝來此參觀後，將社區取名為「神雕邨」；民國 92 年 5 月，三義木雕博物館完成二館擴建工程，加上後來客委會推動的桐花季活動，有山林可健身賞景、有木雕店可逛的「神雕邨」，成了三義新興的熱鬧區塊，吸引許多外地團體遊客前來。

廣聲新城當初以藝術村的型態興起，區內卻少有可供團體用餐的地方，博物館旁新城二巷內的「神雕邨複合式茶棧」，原本只做民宿與客家擂茶體驗，擔任了 16 年三義鄉鄉民代表的許鑾雪，順勢從政壇轉型，成了客家菜餐廳的主廚與經營者。許鑾雪剛開始也

是家政班 6 位成員之一，開店後的平
日由許璧雪和另 2 位班員一起做菜打
理，假日則全員到齊。說得一口流利
客語的許璧雪是從彰化嫁過來的閩南
人，但她有位很會燒菜的婆婆，多年
來跟前跟後的學著，也把道地客家料
理技藝接了下來。

客家料理特色　分寸精準掌握

民國 92 年，神雕邨茶棧正式加入田媽媽系統，許璧雪說，雖然有婆婆的教導、自己勤
奮的學習，農委會田媽媽安排的課程也很有幫助，從烹飪、擺盤裝飾，到餐廳的衛生、
管理，讓傳承在地的味道之外，也增進了專業度。從採買到上桌，客家菜該有的工序、
應有的特色，一點都不會少。白斬雞配客家桔醬很常見，要用玉米放山雞，皮要黃、肉
要白且有彈性，但，該怎麼燙、燙多久、滾煮還要燜泡嗎？這些竅門都能拿捏得剛剛好，
不容易。

豬肉要找當地飼養的黑毛豬，「肉質比較有彈性，煮過後不會爛爛的」。例如梅干扣肉，
豬肉先略炸過去油，加入梅干菜、蒜頭慢炒後，適量的醬油與酒一起蒸至少 3 小時，這
樣才有香氣又不油膩。又例如客家宴會常見的筍乾蹄膀、封肉等，如何展現豐腴不膩，
連彷彿搭配的桂竹筍也都得汆燙、拌炒得宜。

薑絲大腸可說是備料相當麻煩
的一道經典客家菜，大腸下鍋前
的清洗、浸泡、汆燙，需要多少
分量的薑絲，何時下適量的醋，
才能夠保有大腸的軟脆 Q，又有
不嗆鼻的醋酸醋香，在在都是功
力火候的考驗。

客家菜中經典的筍乾蹄膀 ▶

鹹、香、油，或許是客家菜的印象，為符合健康與多數人口味，多少會做點調整，當然，也會搭配如金沙南瓜、蛤蜊絲瓜、炒鮮菇、菜脯蛋、酸菜肚片湯等菜色，讓整套客家料理充滿層次變化。

香辣夠味好下飯的宮保蝦仁 ▶

食農小學堂　菜單裡出現一道「雲片湯」，雲也入菜？把白蘿蔔切成圓形薄片，不加鹽巴，無需像醃漬物如菜脯製作的繁瑣程序，只要風和日麗的天氣，簡單的日曬風乾後，白蘿蔔片像朵朵白雲不規則的捲曲，就成了菜單裡的「雲片」，所以稱為雲片湯，也因為樣子像古錢幣在傳統上也稱為「蘿蔔錢」。

神雕邨複合式茶棧主要以團體合菜為主，用餐最好都事先預約，合菜從 3 菜 1 湯到 10 菜 1 湯，當然也可逐項單點自行配菜，其中有幾道菜，如筍乾蹄膀、脆皮豬腳、苦茶油雞酒蛋、老蘿蔔雞湯鍋等，都得預訂；店內也有梅干菜、蘿蔔錢乾、客家擂茶可購買自用或當伴手禮。

必買　梅干菜、蘿蔔錢乾、客家擂茶
必吃　筍乾蹄膀、脆皮豬腳、苦茶油雞酒蛋、老蘿蔔雞湯鍋等

神雕邨複合式茶棧
苗栗縣三義鄉廣盛村廣聲新城 2 巷 26 號
037-875858、0928-330345

陽光水棧

滿滿的
海鮮味～

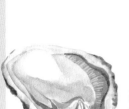

臺灣養殖漁業，每個縣市各有不同特色與專長。要找超大龍膽石斑，請到高雄永安或屏東；要找虱目魚或海吳郭，要去臺南；想要海鱺就去澎湖，想要香魚要到宜蘭，想要鱸魚就到嘉義，想要烏魚子、鰻魚或文蛤就到雲林口湖。而如果想要口感彈跳的珍珠蚵就到彰化，到彰化想吃鮮活水產，找「陽光水棧」就沒錯，因為這邊的男主人就是彰化縣養殖漁業協會理事長。

陽光水棧位於彰化王功漁港邊，座落於一處轉角圍牆中，匆匆路過也許看不到任何建築，但只要轉個彎，一個由棕櫚樹包圍，正前方大石寫著「王功陽光岂里」的藍白建築就會出現眼前，讓周邊漁港建築整個悠閒了起來。

在這裡，你可以吃到剛從池裡撈起來的貴妃魚、草蝦、西施舌，早上才從一旁海邊潮間帶收回來的蚵仔，還有剛從沙灘泥地扒出來的赤嘴、文蛤，以及剛從田邊採回來的白蘆筍、綠蘆筍與各種青菜，搭配優美餐廳空間與高明廚藝，一股鮮味能在口中持續很久。

彰化珍珠蚵　潮間帶陽光海水養大的滋味

臺灣蚵仔養殖基本上分兩大類，第一類是浮筏式，讓蚵仔24小時都泡海水中，這種蚵仔24小時都有浮游生物食物，可以快速育肥體型大、口感細緻肥嫩。這類養殖方式主要集中在嘉義東石、布袋、臺南安平、七股等地。

第二類則是運用插篊、垂吊或平掛等方式把蚵仔養在潮間帶，這種蚵仔漲潮時沉入海水中進食，退潮後掛在太陽下接受風吹日曬雨淋，生長緩慢，也沒那麼肥嫩細緻，但卻帶有更多Q彈嚼勁，不少老饕將之形容「就像土雞一樣」，並因體型小小而美稱「珍珠蚵」，珍珠蚵最主要產地就是彰化芳苑跟王功。

珍珠蚵不只口感與滋味渾厚，更重要是養殖時的「農舞台」景觀優美。彰化是臺灣最大潮間帶，潮水一退可到4公里外，這麼寬的沙灘間孕育了無數文蛤、赤嘴、招潮蟹與養殖蚵仔，漁人在這沙灘間生產食材，水影、夕陽、牛車、勞動背影，那是一場自然與人文互動的優美舞步，靜靜看著就無比享受。

陽光水棧所在地早年是養殖魚池，在費心整理與修整後，充滿綠意庭園悠閒，周邊並留有一部分魚池，飼養著貴妃魚、西施舌等水產，再一旁就是以販售水產飼料起家的男主人，現為彰化縣養殖漁業協會理事長林濟民的辦公室。彰化甚至全臺養殖業者彼此間大多熟識，這也讓陽光水棧可以有很好的貨源，不論需要什麼水產，都能很快找到一等貨，安全優質。

護理出身 食物健康態度認真

陽光水棧田媽媽女主人洪金釵原為護理師，嫁給男主人林濟民後成為專職家庭主婦，但一直沒忘咖啡店夢想。直到中年子女長大，這才在這片原本的魚塭土地上圓了夢，一草一木都自己種，花了大錢用最好的鋼材蓋了咖啡廳，卻發現根本沒客人，而且自己完全不懂咖啡、吧台與餐飲。一路跌跌撞撞，終於最後回到在地食材與養殖專業，並加入田媽媽班。所有的訓練、所有的功課，洪金釵就像當年護理工作一樣，一絲不苟十分投入，這為她換來許多獎牌，也為陽光水棧帶來備受肯定的口碑滋味。

貴妃魚火鍋 罕見的優質魚種

到陽光水棧不要錯過貴妃魚。這魚原名澳洲銀鱸，20多年前由澳洲引進，因為外形優美、少刺，DHA 和 EPA 營養成分高，而且口感極好，油脂與膠質豐厚、肉質滑嫩豐腴，一度在國內養殖圈掀起熱潮，並取名貴妃魚。但問題就在這魚如貴妃般嬌貴難伺候，一年只

長 1 公斤，一尾魚至少快 2 年才能上市，這期間耗費的飼料、電力、人工與天候風險極高，慢慢的許多漁民棄養，但其味道從未被質疑。目前臺灣養殖貴妃魚的漁民大約僅剩個位數，最著名是花蓮立川漁場，還有嘉義幾家養殖戶。

貴妃魚是由嘉義引進後持續於自家水池續養到膠質肥美後供遊客享用，有養殖專家形容其味道像和牛。將魚肉片下來，搭配清湯火鍋汆燙吃原味，或搭配文蛤、赤嘴、西施舌的豪華海鮮火鍋，都美味。

▲ 貴妃魚火鍋是招牌美味

鮮蚵煲 炸魚柳 都美味

來到王功，當然最不能錯過就是鮮蚵。這邊的珍珠蚵雖然體型小，但入口極有咬勁，且會隨著咀嚼不停散發蚵仔鮮甜氣味，是不少老饕最愛。

▲ 陽光水棧整桌美食，賣的是在地食材鮮甜原味

陽光水棧鮮蚵作法多樣，最受歡迎是鮮蚵煲，利用當天收回來的蚵仔，加上地瓜粉與一些蔥花、蔬菜、雞蛋調和後下鍋煎，靠的完全是火候掌握，把鮮蚵煲煎得色澤金黃，入口都是香氣與鮮味。此外，陽光水棧的炸魚柳，或是自己養殖的西施舌，以及每天漁民剛挖出來的野生文蛤、赤嘴，都是不可錯過美味，簡單料理就非常鮮甜。

食農小學堂 　魚塭也稱作魚池，多建立於灘塗也就是海灘、河灘和湖灘的水產養殖場，早期漁民在沿海地域挖出一個大型水池，利用海水潮汐獲得養殖所需的海水以及魚苗、蝦苗、蟹苗，周圍設有堤防和閘門。隨著科技進步的養殖方式提升，目前臺灣產量較高水產養殖有吳郭魚、虱目魚、鰻魚、牡蠣、文蛤、白蝦、蜆等。

陽光水棧乍看宛如婚宴會館，也帶著點西式風情，這是因最早想開咖啡廳圓夢，後來才轉為強調在地食材的田媽媽。這卻因此讓其空間充滿美觀與悠閒。由於田媽媽洪金釵目前希望多些時間陪伴家人，因此現在主要接待預約客人。想前往用餐，請務必先電話聯繫訂位，想吃哪類海鮮也可先告知，方便預先準備最鮮活的滋味。

必吃 貴妃魚火鍋、鮮蚵煲、炸魚柳

陽光水棧
彰化縣芳苑鄉王功村漁港六路 38 號
0937-255977(需預約)

茶餐創新 不忘傳統料理滋味

林園茶香美食

阿里山好滋味

像零食一樣的
炸茶葉！

阿里山公路剛過中油石卓加油站，彎道旁的林園茶香美食田媽媽餐廳醒目易見，門口的Q版漫畫人形看板更是可愛，相當傳神地描繪出主人郭春美女士的特質。

語調柔和、始終帶著笑容，即使帶著媳婦在廚房內忙東忙西的時候也一樣，想必是長年工作家庭兼顧所累積出的耐性與韌性，郭春美跟著先生上山種茶、製茶，獲頒十大傑出農民獎，為了供應親友採茶時的大量餐飲需求，她的廚藝也從便當精進至以茶為主題的田園精緻料理，充滿創意，同時也保留了令人懷想的古早味。

費工的「茶鬆」充分發揮在地產物的迷人特色；冬筍魷魚螺肉蒜則是早年山村人們特殊時節才吃得到的「大菜」，也在民國 110 年「田媽媽招牌菜料理比賽」獲得季軍殊榮；融合著傳統滋味與在地物產烹飪創新思維，不斷精進廚藝與變化菜色，正是「林園茶香美食餐廳」得以屹立超過 20 年，依然令人稱道的關鍵所在。

阿里山珠露茶原鄉

搭火車上阿里山的中繼站在奮起湖，公路系統日益發達後，石棹位處臺 18 省道、159 甲縣道與 169 縣道交會處，成了山間最繁忙的轉運點，海拔大約 1200 公尺至 1600 公尺的地理條件，在阿里山公路開通後，成為高山茶區。

石棹地區約在民國 70 年代引進青心烏龍栽種，完全手工採摘軟嫩茶菁進行焙製，蜜綠色的茶湯帶著優雅香氣，曾任副總統的謝東閔先生為之取名「珠露茶」。

早在開設餐廳之前，郭春美最主要的工作就是種茶、製茶，目前除了田媽媽餐廳，自家的「林園製茶」茶廠運作如常，古厝保留完好，山間大片的茶園風光令人流連，同時提供遊客採茶、製茶體驗與茶席、茶套餐。製茶很厲害的郭春美，其料理手藝起初只是為了採茶農忙時期提供給自家人與「換工」親友，「你比較會煮，也幫我家準備好嗎？」，「你做便當，我們來訂你的便當」，就這樣，便當愈做愈多；之後又有人說「我在做茶沒時間招待客人，你幫我煮一桌菜吧」，賣便當的地方漸漸地成了桌菜餐廳。農會輔導

從製茶到烹飪達人 技藝經驗續傳

林園製茶是石棹地區種茶的先驅之一，郭春美與先生經營的茶園採產銷一條龍方式，品質管控良好，目前二代返鄉接手，郭春美將製茶與茶葉入菜的精湛廚藝，漸漸交給年輕人，媳婦紀妃玲跟著婆婆學習，也負責接單、對外行銷的工作，婆媳兩在廚房內的互動很有默契。在年輕人主導經營下，做得有聲有色。

員看到家政班成員之一的郭春美擅於烹飪，鼓勵、推薦之下，「田媽媽餐廳」就這麼成立了。

加入田媽媽系統後，勤於參加各種研習，郭春美除了傳統菜色，也開始以「茶」為主題研發新料理，自家來源不絕的茶葉、山間農家的季節蔬菜，以新鮮、創新為特色的無菜單料理，持續在石棹飄香誘人。

山珍海味　冬筍魷魚螺肉蒜

挑選過的茶葉在快刀下切成絲狀，下鍋稍炸一下，拌入些許椒鹽粉，這道「茶鬆」原本只是搭配山泉水手工豆腐而生，但酥脆的口感與散發的滋味，讓吃過的客人都希望能做成包裝禮品。「茶葉要切很細，都是手工，切很久才一點點，新鮮酥脆的感覺，還是來現場吃最好」。

炸茶葉同樣採用自家新鮮的茶葉，郭春美說「用的是金萱茶，採短一點的、嫩一點的，

它有獨特的香氣，不需要太多的調味炸起來就很好吃」，這裡因為海拔較高，茶葉不苦澀反有甘甜的回饋，不顯油膩的炸茶葉，爽口回甘。

苦茶油雞在阿里山公路彷彿已成必點名菜，林園茶香美食餐廳用自家種的苦茶樹樹籽榨油，切成塊狀的土雞肉放入薑片爆香的油鍋，雞肉經過大火油炸呈現金黃色澤，盛盤後散發苦茶香味，肉質帶點嚼勁，滋補顧胃。

現在坊間所稱的「酒家菜」魷魚螺肉蒜，進口的螺肉罐頭、乾魷魚，早年並不是一般人家容易取得的，郭春美說，「螺肉魷魚對山裡的人來說是罕見的，加入這裡的冬筍，就真的是山珍海味了，以前只有宴客的時候才吃得到」。冬筍的量少價高，有些餐廳用麻竹取代，有些甚至沒有這項食材，郭春美堅持用冬筍讓這道菜呈現特殊的香氣與甘甜，也成為她極具代表性的「手路菜」之一。

◀ 好湯頭的冬筍魷魚螺肉蒜

臺 18 省道往阿里山，過中油石卓加油站 100 公尺，彎道左側，門口可停三部車。餐點採預約制，隨季節配菜的無菜單料理，老客人會指定醬筍豬肉、腿庫筍乾等拿手菜，佛手瓜、大豌豆、冬筍、芥藍菜、轎篙筍，四季時蔬新鮮上菜。

必吃　炸茶葉、苦茶油雞肉、冬筍魷魚螺肉蒜

林園茶香美食
嘉義縣竹崎鄉中和村 20 鄰 19 號
05-2561523

全臺唯一菱角粽　長銷二十年

菱成粽藝坊

一定要吃吃看
菱角粽！

菱角是產期短、不耐擺的農產品，所以多年來只能在傳統市場的攤子上買到，菱成粽藝坊全年都有菱角仁當內餡，這是完全勝出的原因之一；粽子的本體當然也是關鍵，傳統的糯米之外，賴明美還使用五穀雜糧，突破了糯米不容易消化的「罩門」，少油多纖維也更符合現代人重視飲食健康的需求。

因此，田媽媽菱成粽藝坊雖然規模不大，就如一般住家，所在位置不是熱鬧的臺 1 省道而在 165 縣道，卻絲毫不影響產品銷量；再看到店裡一大疊的訂單，客源來自農業易遊網等管道，其中不少是臺南以外的縣市，足見這家粽子確有其獨到之處。

稻米菱角自己種 原料品質有保障

官田是全臺菱角產量最高的地區，所在位置就在嘉南大圳潔淨流水，剛從烏山頭水庫奔流出來的最源頭，起初多種植在溪溝處，後來才種在一期稻作後的水田，盛產季約在每年的 9 月至 11 月之間，從選種、種植、採收、剝殼、包裝，都沒辦法自動化處理，它可說是全臺唯一每個環節都得靠人力的作物。

菱角是一年生草本水生植物，菱成粽藝坊男主人胡正成把手伸入自家的菱角田，輕輕拿起一叢菱角植栽，原來它的葉柄長得像浮球讓整株菱角漂浮在水面，細心整理過的菱角每一叢的尺寸相當，胡正成說：「清晨葉片還沒展開時，非常好看」。菱角生長過程中，水質很重要，管理稍不留神就容易染病，胡正成每天都要到菱角田走走看看，一發現某處顏色有異就得立刻下水處理。成熟的菱角外觀呈暗紅色，色澤越紅表示成長於水質良好的環境。

菱角如朵朵美麗的蓮花 ▶

我供原料你包粽　夫妻合作感情好

胡正成笑臉盈盈看著妻子：「她是我的老闆喔」，意思是說，妻子要持續做粽子，他種的稻子、菱角才會有銷路；看著要入鏡的幾顆粽子，胡正成又說：「每顆的重量幾乎一樣，很厲害吧！」；這回該妻子說了：「我會包粽子販售，其實是他為了不讓我去田裡曬太陽」。要幫他們拍幾張照，餵先生吃粽子的畫面是他們自己想要的，這對偕手相扶持的夫妻，感情好得令人羨慕。

唸農科的胡正成回鄉務農，他參加了蔬菜產銷班、水稻班、蕎麥班，對農事非常熱衷，近兩年專心於稻米與蕎麥種植，並開始做產銷履歷。菱角本來就有種植，因為要供做粽子的內餡，對菱角仁的品質、大小要求都高，「原本有跟一些農友收購，但為了顧及均一的品質水準，只好自己擴大栽種面積」。

一期種水稻，一期種菱角，包粽子的原料，自家生產，兩者的品質都能自己把關。

蛋黃粽保留傳統味　五穀粽健康無負擔

以菱角為主角，菱成粽藝坊的粽子共三款：菱角傳統蛋黃肉粽、菱角五穀肉粽、菱角蓮子五穀素粽，菱角仁選擇成長尾期時的菱角，讓咬勁的口感較佳，內含的澱粉、蛋白質、鈣、鐵、多種維生素與礦物質，營養豐富，既美味又有飽足與滿足感。

傳統的粽子不易消化且過於油膩，不易消化的原因是全部都用糯米，賴明美改善這個問題的作法是，調整糯米使用比例，另外以五穀雜糧為基底創造出五穀粽。

包粽子的糯米是先生田裡面生產的，且乾燥是經由日曬而非機器烘乾，使用前，黑糯米要先浸 5 小時，白糯米要浸 2 小時。以傳統的蛋黃肉粽而言，賴明美說「老一輩的人喜歡有點肥肉，年輕人則喜歡瘦肉」，以生糯米包裹香菇、蛋黃、瘦肉，克服了瘦肉蒸煮會變硬變柴的問題，降低了油膩口感仍保有古早味。

▲ 賴明美以擅長的「菱角染」做成各種提袋

五穀粽使用多種雜糧如紅小麥、紅薏仁、蓮子、黑糯米、燕麥、蕎麥、小米、米豆等，每種雜糧的硬度不同，需浸泡的時間也不一樣，這些都需要不斷的試驗，才能抓到最好的比例，讓彼此相互交融出剛好的軟硬度與口感。此外，包粽子的鬆緊度也是關鍵。

柴燒大灶上的蒸籠開啟，拿出一串串粽子懸掛放涼，以每一串 20 顆粽子而言，「重量大約都在 6 斤，誤差都在 4 兩之內」，胡正成解釋道，「每一顆都是手工包的，不容易喔」，真的不簡單！包好煮熟的粽子，以急速冷凍的方式保存，「克服保存期的問題，不用擔心粽子煮好了卻沒有客人上門，也能讓客人吃得更安心」，菱成粽藝坊的三種粽子都以電話接單；此外，每個星期六、日，胡正成都會載著自家的粽子前往臺南市區林森路的「臺南市農會假日農市」販售，二十年如一日。

菱成粽藝坊距離國道 3 號烏山頭交流道西側的 165 縣道，開車約 2 分鐘路程，想要吃粽子最好先打電話預訂。鄰近鄉間就有許多菱角田，一期稻作收割後就開始種菱角，可以看到美麗的菱角鳥水雉；東側的烏山頭水庫與八田與一紀念園區很值得造訪，去認識這位興建嘉南大圳的偉大工程師。

 必買　菱角傳統蛋黃肉粽、菱角五穀肉粽、菱角蓮子五穀素粽

田媽媽菱成粽藝坊
臺南市官田區烏山頭里烏山頭 81 之 6 號
06-6981921

臺灣西海岸最甜的粉粿與笑容

長盈海味屋

得獎的
好味道～

長盈海味屋的招牌菜，有人說是虱目魚香腸，有人說是虱目魚菲力，有人說是黑糖粉粿，也有人說是清炒虱目魚胃、鱸魚一夜干，或是用 500 斤虱目魚骨加上 8 隻全雞熬出來的「元氣飲」，各種意見很分歧。

不過，多數人都同意，長盈海味屋最最招牌還是這對田媽媽母女，她們面對食材與料理充滿堅持與專注，但只要親切跟她們問好、聊天，回歸日常生活，通常就能看見她們有點迷糊、只會傻笑，但卻充滿真誠與親切，那是號稱比黑糖粉粿更甜的笑容。

長盈海味屋位於臺南北門，家族在此養魚超過 4 代，從早年的鯽魚、吳郭魚等淺池淡水魚種開始，現在已是在地知名的養殖漁家，包含第二代的黃碧田，以及第三代黃國良自創的「旭海安溯水產有限公司」，都是知名養殖達人，並曾獲得水產精品海宴獎（國內水產界最大獎項）和輸出歐盟養殖場認證，父子倆生產的食材除了宅配販售，也交給第三代黃澄卿與第四代小女兒謝佳歆負責的「長盈海味屋」料理與販售。

經常有人特別從高雄、臺南、臺中等地開車一兩個小時過來吃一餐，為的就是那難以取代的鮮美滋味。而第三代黃澄卿自創的黑糖粉粿，更是許多到北門鹽田旅遊的內行遊客一定要來一碗的消暑聖品，那黑糖甜蜜滋味與母女倆的甜甜笑容，都能讓人甜上心頭。

▲ 健康鮮美的各式虱目魚料理

純海水養殖 造就虱目魚無比鮮甜

提到水產養殖，多數人都會強調水質，好水出好魚。但卻很少人提到另一個更關鍵問題，就是海水鹹度。海水鹹度是影響魚隻生長的重要關鍵。一般說來 1 公升海水約有 35 公克鹽溶於其中，亦即波美度 3.5 度；通常只要海水被蒸發、濃度提高到波美度 25 度就會開始結晶出海鹽。而一般生物魚體內的波美度約 1 度。

▲ 招牌虱目魚菲力（左）
返鄉幫忙的第二代（右上）
虱目魚元氣飲（右下）

不同波美度，帶來的最大影響是「滲透壓」，養在高濃度純海水裡的魚要耗費更多力氣
讓細胞膜排除鹽份，這讓其生長緩慢但卻肉質緊實；但只要加一點淡水降低鹽份，魚蝦
就能快速生長，如此就能大幅降低飼料、電力、飼養時間等成本，但相對的，肉質就會
比較鬆散，也會因滲透壓因素讓魚池中的水成份入侵魚體，而這也是淡水魚比較有容易
有土味的原因之一。另外加入魚池的淡水，也許來自雨水、井水、溪水或地下水，不同
的水有不同的酸鹼值與礦物質，這也都是影響魚蝦滋味的重要原因。

青年回鄉 北門更精采

之所以開設長盈海味屋，主因產銷常失衡。一尾虱目魚魚苗 5 元到 8 元不等，一包飼料
早年 300 多元，現在漲到 570 元，一尾虱目魚從魚苗養到大約需 9-11 個月，飼料加上
電力、人工等等各項成本，最後販售有時一斤 3、40 元就能有賺，也有時一斤 18 元連
本錢都不夠，更經常颱風、寒流、豪雨一來，水溫、水氧與酸鹼值劇烈變化，整池上萬
尾瞬間全部泡湯，損失動輒數百上千萬。

不希望辛苦養殖的魚被低價收購，更希望自己是「養好一尾魚」而非僅僅「養活一尾
魚」，因此黃家決定開設長盈海味屋，販售美好滋味的魚。第一招牌就是虱目魚香腸。
眾所周知虱目魚刺多，因此要細細分切，而虱目魚香腸就是選用刺多的魚背肉搭配豬絞
肉混合灌製，原本惱人的虱目魚刺，經過細絞與不停槌打後，與豬肉脂肪結合而成極有

口感且滑順的香腸，化逆境為黃金，大受好評。另一必點招牌就是位於魚背上方的「虱目魚菲力」，這一塊是經常接受日照部位，顏色深黑有嚼勁，一般都是油炸，長盈海味屋因經過冷風乾燥已油水分離，所以用小火慢煎，利用其本身魚油把自己煎得焦脆，吃的時候直接手拿如啃排骨，又香又甜。

另外還有極罕見的「清炒虱目魚魚腱」，魚腱就是魚胃，一般都用鹽酥重口味料理，長盈海味屋因自家養的連魚胃無腥味，所以只用青蔥清炒，呈現原味，入口清脆鮮甜。

黑糖粉粿與元氣飲　外帶第一名

黑糖粉粿更是長盈海味屋的不敗招牌，從一開店就有，選用100%用天然食材磨製的地瓜粉，接著手炒二砂與黑糖連續2個小時小火不停翻炒到香味出來，再加水熬煮8小時，最後搭配挫冰與黑糖，入口QQ甜甜、冰冰涼涼，極為消暑。

這幾年更受歡迎則是「元氣飲」，那是以自家剃下的虱目骨搭配土雞熬煉，通常比例是500斤虱目魚骨加上8隻全雞，如熬雞精般把精華都熬出，冷卻後直接冷凍方便宅配，要喝的時候加熱回溫成液體即可，入口都是膠質與清甜，滿滿的膠原蛋白與精華，是許多需要補充體力與養生者的最愛，常賣到缺貨。

長盈海味屋距離著名的北門瓦盤鹽田大約10分鐘車程，有些遊客是到南鯤鯓拜拜或到北門鹽田旅遊後繞過來，但近年更多的是專程前來享用美味料理的臺南、高雄、臺中等其他縣市居民。目前只在假日營業，客人頗多，請務必先電話預約。

(必買) 元氣飲
(必吃) 虱目魚香腸、虱目魚菲力、清炒虱目魚魚腱、黑糖粉粿

長盈海味屋
臺南市北門區慈安里484號
0917549736

如牛奶般順滑的淺坪虱目魚

北門嶼輕食風味餐廳

吃法多變的
虱目魚料理

北門嶼輕食
風味餐廳

北門嶼輕食風味餐廳是由日治時期的「北門衛生所」整建而成，並刻意保留著原始木結構屋頂，走進之後，大量的木頭、大面的玻璃，加上優美的小小庭園，還有一旁那淡淡訴說歷史的「北門出張所」，整個西南沿海的豔陽與酷熱，瞬間清涼了起來。

臺南北門曾經是臺灣非常重要的日曬海鹽基地，但當進口鹽成本遠低於自行生產之後，臺灣鹽業逐漸轉移到苗栗通霄精鹽場以更科技的方式產鹽，這個靠著豔陽與汗水生產海鹽的北門，就慢慢成為被人遺忘的濱海小鎮。2003 年，交通部觀光局雲嘉南濱海國家

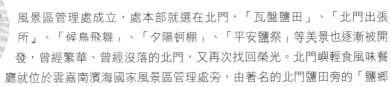

風景區管理處成立，處本部就選在北門，「瓦盤鹽田」、「北門出張所」、「候鳥飛舞」、「夕陽蚵棚」、「平安鹽祭」等美景也逐漸被開發，曾經繁華、曾經沒落的北門，又再次找回榮光。北門嶼輕食風味餐廳就位於雲嘉南濱海國家風景區管理處旁，由著名的北門鹽田旁的「鹽鄉民宿」主人洪有志與妻子和女兒一起經營，現在鹽鄉民宿主要接待人數較多的團體桌菜，北門嶼則主要接待散客，讓兩人、三人的散客不用煩惱難點菜，就能在優雅的環境中，以個人套餐方式品嚐在地優質虱目魚、赤嘴、西瓜綿湯等滋味。

瓦盤鹽田溜溜溜　石輪滾出海滋味

位於鹽鄉民宿旁的北門井仔腳瓦盤鹽田，是臺灣現存最古老的鹽田，它原本是清領時期的瀨東鹽場，西元 1818 年遷移此至，已超過 200 年歷史，相傳是鄭成功軍師陳永華主導興建，其最大特色是將酒甕打碎後當成磁磚般鋪在海濱泥灘地上，接著以澎湖運來的玄武岩製成厚重石輪在這些酒甕片上持續翻滾，將「磁磚」牢牢崁進泥灘地上，成為鹽田的鋪底。

這樣的「瓦盤鹽田」，相較於沒有鋪面的「土盤鹽田」，其優點是能更快吸收輻射熱源，因此鹽的結晶較快，單位面積產量高，鹽的色澤較好，鹵水也不易滲透，利於整修；但相對的缺點是因為結晶太快，使得雜質不容易釋出，且維護成本較高。所謂的「雜質不容易釋出」，指的是海鹽內的化學元素成分。一般說來，海鹽之中會帶有鎂、鈣、鈉、鐵、鉀等元素，其中鎂會帶來苦味、鈣會帶來甜味、鈉會帶來鹹味、鐵跟鉀會帶來酸味。

目前臺鹽精鹽是以離子交換膜電透析製程濃縮海水，出來的成分就是很單純的氯化鈉，所以是很單純的鹹，品質穩定且便宜。但人工日曬海鹽雖然「雜質」元素多，卻也會因此帶來多樣的酸苦回甘與生命力。一般說來，海水的波美度是 3 度，也就是 1 千克海水中會含有 30 公克的鹽，而當海水波美度濃縮到 7 度時，氧化鐵會開始結晶、16 度時鈣開始結晶、25 度時氯化鈉開始結晶，氯化鈉就是我們所熟悉的鹽的鹹味，再

▲ 北門嶼由日治時期的北門衛生所整建而成，揉和了當代與日式建築風格

繼續濃縮到 27 度時，氯化鈉的結晶會更好，但同時帶來苦味的鎂也在 26 度開始結晶，如何保留鹽的鹹與甘甜與增加產量，又要同時避免苦澀，這就是曬鹽的技巧，也是在瓦盤與土盤時，會有不同的難度與不同效果。北門的鹽，有其在地海水帶來的風土滋味，也有因為瓦盤而帶來的效果與產量，而要維護瓦盤的效果，就通常每隔一小段時間就要推著那厚重石輪到鹽田上翻滾。洪有志說：「上學之前要去踩水車把海水引進蒸發池，還有那石輪推動時的嚕嚕嚕嚕嚕聲響，就是我們的兒時記憶。」除了鹽田的嚕嚕嚕嚕嚕聲，更迷人的，還有傍晚的夕陽與黑腹燕鷗之舞，那數萬隻飛羽的舞動，充滿美麗與震撼。平時也有白鷺鷥、夜鷺、黑面琵鷺、小鸊鷉、磯鷸、黑腹濱鷸、青足鷸等鳥類飛舞，充滿生態之美。

▶ 西南沿海特色貝類赤嘴，清蒸就美味（上）
北門嶼招牌的虱目魚肚雙人火鍋

鹽鄉文化復甦之路

北門瓦盤鹽田的復甦與洪有志家族頗有關係。當年臺鹽把製鹽重心轉到七股與苗栗通霄後，北門瞬間蕭條，但不捨這已經 200 多年的海鹽產業就此消失，洪有志的父親洪永華於是寫計畫案向當時的臺南縣政府請求協助與復甦，並因此得到經費挹注，讓瓦盤鹽田沒有因此消失，等到雲嘉南國家風景區管理處成立後，這裡更成為觀光熱點，不只讓在地居民得以營生，也吸引了青年回鄉。

淺淺海水養殖虱目魚 無腥無刺只有甜

北門嶼的招牌就是虱目魚。或許說，整個北門區的招牌，也就是日曬海鹽跟虱目魚。北門因為海水資源豐富加上養殖魚業發達，早年就有品質極佳的虱目魚，但一直沒有打出自己品牌而被淹沒在「臺南虱目魚」或「學甲虱目魚」中。

近年養殖業都開始將虱目魚、文蛤、白蝦三者一起混養，混養三兄弟的功能分別是虱目魚採食藻類穩定水質，白蝦撿拾食物碎屑讓水質不易污染，文蛤再進一步過濾所有雜質讓水質持續潔淨。北門地區目前也大多混養，並堅持著不到 1 公尺的淺坪式養殖，因此成本偏高、產量不多，並細心去刺，帶來的就是鹽水虱目魚無腥無刺高品質，虱目魚英文 Milk Fish，北門虱目魚也如牛奶般順滑。在北門嶼，虱目魚肚可以油煎到焦脆，也可以照燒鹹鹹甜甜與軟嫩，更能直接進火鍋品嚐那股鮮味，吃法多樣。

北門西瓜綿 酸甜湯頭好滋味

它是利用春季西瓜開花結出小西瓜時，將過多的果實拔掉，盡量每條籐蔓只留一顆以確保養分不被瓜分以產出鬆甜大西瓜，而這些疏果疏下的小西瓜，丟了可惜，在地人將其以鹽醃漬後稱為西瓜綿，煮湯時，丟入幾顆，瞬間可讓湯頭帶來鹹香甘甜，到北門務必試試。此外，北門在地的赤嘴、文蛤、蚵仔也都有口碑。特別此地蚵仔是以平掛式養在近海，退潮時整顆牡蠣會露出海面接受風吹日曬雨淋，口感 Q 彈，這也讓當地的蚵仔麵線滋味特別好。

食魚小學堂　　關於「虱目魚」的名稱有許多有趣的傳說，其中一個是國姓爺鄭成功初抵臺南安平，看到漁民獻上的虱目魚，詢問這是「甚麼魚」，後人便相傳鄭成功賜此魚名為「甚麼魚」，而訛音為「虱目魚」。又一說認為，虱目魚在西班牙語系中稱為 Sabador ，名稱即由此音譯而來，另因虱目魚眼睛上有脂性眼瞼故稱塞目魚，取其諧音稱之。

北門嶼輕食風味餐廳採個人套餐方式供餐，不是傳統桌菜。由於座位數不多，因此出發前建議可先訂位，如有需要，也有一個可容納 10 人以下的小小包廂。餐廳位置就在雲嘉南濱海國家風景區管理處旁，附近有北門出張所、臺灣烏腳病醫療紀念館、北門洗滌鹽觀光工場、錢來也商店、水晶教堂、鹽田體驗區等景點可以順遊。

`必吃` 虱目魚、赤嘴、北門西瓜綿個人套餐

 北門嶼輕食風味餐廳
臺南市北門區北門里 1 鄰 3 號之 5
06-7860303

有機茶入菜 咀嚼茶香

玉露茶驛棧

位在太平山腳下的宜蘭大同鄉松羅村，擁有廣大的茶園，其中有一家得獎不斷的玉露茶園，經營餐廳「玉露茶驛棧」，遊客來到這裡不僅可以喝到好茶，還能品嚐茶葉大餐。林明焱與古瑞華夫妻倆一個製茶，一個經營餐廳，做出好口碑，並且將用心的態度傳給下一代。

玉露茶驛棧的茶葉大餐，以傳統料理為基礎，使用自家茶入菜，道道都有講究之處，不同菜色就用不同的茶葉。例如帶有奶香的金萱適合蒸魚，烏龍則與豆腐最搭，松阪要用蜜香紅茶，茶燻鴨用烏龍茶湯入味。同時要考慮到茶色，讓每一道料理色香味俱全。玉露茶園近年專攻有機茶，因此茶餐皆升級使用有機茶，就連附餐的茶飲也都是有機茶，夏天還提供清涼解渴的冷泡茶。

兩代做茶人 傳承學習精神

宜蘭大同鄉松羅村以產茶出名，不過是比較近代的事了。玉露茶園創辦人林明焱說，這一帶過去種橘子、地瓜與花生，民國 55 年大同鄉公所找石碇茶農來指導，才開始大量製茶。最早所製的茶為條型包種，後來又有球型烏龍，由於土質好、溫差大，種出來茶的品質好，早期都批發到南投名間與臺北坪林。

看上茶產業有前景，林明焱在當兵後返鄉學做茶，學習並摸索出各種技術，日後創辦玉露茶園，有了自己的品牌。近年兩個兒子接棒，年輕人為找出自己的特色，走不一樣的路，轉作有機栽種，如今有機茶打出一片天，獲獎不斷。

▲ 玉露茶園第一代創辦人（上）
　有茶葉清香的茶燻蛋（下）

做茶人 最佳試菜員

玉露茶園兩代皆為做茶人,第一代林明焌做茶50年,兩個兒子則是從小在茶園長大。連素芬笑說,做茶人的味覺特別靈敏,每次嘗試新菜,都先給家中做茶人試吃,假如公公、老公覺得好吃,通過了做茶人這一關,才敢放進菜單。

為了發展休閒產業,太太古瑞華在民國92年加入田媽媽,以自家生產的好茶研發茶餐,用茶的特色經營玉露茶驛棧。古瑞華是客家婦女,以傳統菜色做基礎,道道加入茶的元素,她不斷的嘗試新菜,烏龍茶豆腐、茶香虎咬豬、金萱香酥脆、茶燻蛋等都是她一試再試的好菜,現在也都傳授給兩位年輕媳婦掌勺。

茶入菜 學問大

在玉露茶園與茶驛棧,可以見到兩代茶農的自信與傳承。林明焌兩個兒子接手茶園,費了很大的力轉型作有機,茶驛棧則由媳婦連素芬、游雅雯接棒。隨著茶園有機耕作,餐廳提供的茶水與入菜食材皆是有機茶。連素芬說,自己原本不太會做菜,婚後才跟著婆婆學,如今每樣菜都難不倒她。唯一調整的是,婆婆的客家口味偏重,而她覺得現代人注重養生,將口味調為清淡。她除了忙餐廳,也抽空種菜,提供的當季蔬菜部分是自己或娘家種植,同樣使用有機肥,也不灑農藥。

茶與菜基本上算是百搭的,若要說困難度,就是茶湯的濃度要控制得宜。連素芬指出,因為茶易澀,茶湯太濃會搶走食材的味道,茶若放太少,淡而無味,便失去以茶入菜的意義。此外,茶容易變色,也是做茶料理需注意的事。

茶餐另一個秘訣是，針對料理的不同，必須使用不同茶葉。例如帶有奶香的金萱茶適合蒸魚，使用的是原片，放入魚肚蒸煮出茶香。豆腐則先將茶葉磨成茶角，而且烏龍與豆腐最搭。

「茶香松阪」要用蜜香紅茶的茶末，以蜜香紅茶、鹽、酒醃製入味，再煎到金黃色。賣相好又有飽足感的「茶香虎咬豬」，改良自傳統刈包，她們加入巧思，以自家出產的天然綠茶粉、紅茶粉加入麵粉，做成雙色刈包，用的是茶粉末。

處理過程繁複的「烏龍茶燻鴨」，使用宜蘭在地鴨子，屠宰後當日早上送來餐廳，仔細處理內臟、血塊，清洗走水，將鴨味去除後，用糖與鹽調味並且按摩，再用茶湯浸泡 30 至 40 分鐘，最後加以煙燻。

茶香松阪使用茶末，更添增香氣（上）▶
費時費工的烏龍茶燻鴨（下）

玉露茶驛棧合菜為 10 人份，分成 2800、3300、3800、4300 四種價位。另有依人數製作的小合菜，至少 2 人，每人 280 元。可加點烏龍茶燻鴨、茶香虎咬豬等料理。週四公休，即使非公休日也請事前預約。

必吃 茶香松阪、烏龍茶燻鴨、茶香虎咬豬、金萱香酥脆、茶燻蛋

玉露茶驛棧
宜蘭縣大同鄉松羅村鹿場路 10-2 號
03-9801111

秋 花蓮富里

好吃便當 富里出好米

富麗禾風

得獎的
好味道～

車過玉里往南，富里農會輾米廠如城堡造型般的高大穀倉建築，即使在隔了一大片稻田、遠在西側的卓富公路（花75鄉道）上，也很難不看到它；近幾年稻草藝術季出現的 6 米高大猩猩群，更讓以往匆匆開過的車，紛紛停下來，當然，很多人也是為了這裡的「富麗便當」而來。富里生產的「富麗米」已不輸池上米、關山米的知名度，農會展售中心樓上的田媽媽餐廳取名「富麗禾風」，相當貼切地傳遞了富里稻鄉的意象，明亮寬敞的用餐空間，窗外就是大猩猩群與遠近稻田山嶺交織綿延的風景，嘴裡的好吃、眼前的好看，讓這裡越來越熱鬧。

當初為什麼要做便當？「因為在樓下想買米的客人詢問有沒有試吃」，哪裡有賣米提供試吃的？「我們就用最好吃的米做便當讓客人吃」，就這樣，米幫便當、便當幫米，兩者都賣得挺好。

稻草大猩猩讓農會被看見

快遞貨運從花蓮來，只送到玉里，從臺東來，只送到池上，要送進富里就得加價，這個以良質米、金針、有機農業為根底的花東縱谷鄉村，是個「邊城」；這似乎也呼應了當地人說的「靠南邊的去池上消費、靠北邊的去玉里，這裡真是鄉下的鄉下……」。

然而，這個稻鄉的樸實，卻成為她的魅力所在，愈來愈迷人，一年兩次的插秧季，黃金稻浪起舞，初夏火紅的鳳凰木大道，盛夏上涼涼的山上賞金針花，再加上最近幾年的稻草藝術季，過路客逐漸成為回遊客。懸掛著彩色雨傘裝飾遮陰的農會特產展售中心，提供旅客服務的項目也逐年增加，成為花東縱谷旅途中的亮點之一。

一樓展場販售各種富里生產的富麗有機米、牛奶皇后米，讓

帥氣的稻草大猩猩 ▶

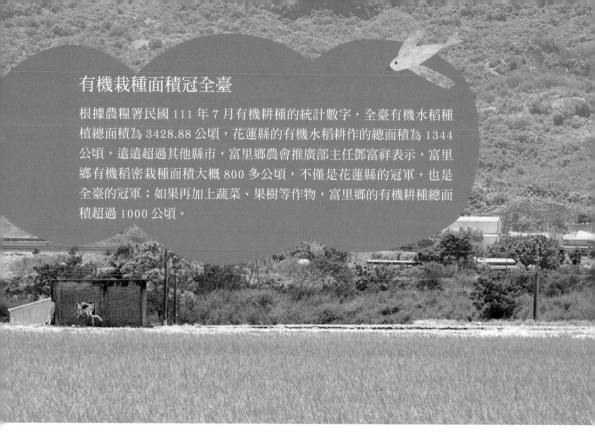

有機栽種面積冠全臺

根據農糧署民國 111 年 7 月有機耕種的統計數字，全臺有機水稻種植總面積為 3428.88 公頃，花蓮縣的有機水稻耕作的總面積為 1344 公頃，遠遠超過其他縣市，富里鄉農會推廣部主任鄧富祥表示，富里鄉有機稻密栽種面積大概 800 多公頃，不僅是花蓮縣的冠軍，也是全臺的冠軍；如果再加上蔬菜、果樹等作物，富里鄉的有機耕種總面積超過 1000 公頃。

人莞爾一笑的「醜美人」，最靠省道那側則是「山點頭」咖啡館；二樓則是田媽媽品牌的「富麗禾風」餐廳，農會直營，共有 6 位當地婦女專職上班。「富里是農村，每年農忙時期，便當提供農民味美便利的選擇」，推廣部鄧富祥主任說，遊客也成為消費主力，如果是團體，我們也提供合菜的服務；來這裡不只吃飯，還可以預約參加各種與米相關的體驗活動。

便當豐美實惠 胡椒豬肚可宅配

農民契作的稻穀成為可口飽足的白米飯，富麗禾風便當含素食共有 8 種主菜選擇，配菜中的蔬菜全是當地農家媽媽自己栽種的，每天新鮮進貨，十足的「食在地、食當季」。

富里的客家人約佔總人口的 1/3，婦女擅長做各種農作副產品、醃漬物，梅干菜就是其一，富麗禾風便當中最長銷的是「梅干菜獅子頭」，到了合菜餐桌上就以梅干扣肉形式呈現，也是冷凍宅配熱銷品。

▲ 少見的胡椒豬肚料理

糯米雞湯用的是在地飼養的烏骨雞，特別處還在於以花蓮農改場技轉的「元氣茶包」，內容物沒有「茶」而是丹蔘、黃耆、麥門冬、甘草等中樂材，一鍋放兩包，連同肚子裡塞著紅糯米的烏骨雞熬煮，湯頭濃郁，味道清甜。元氣茶包也可單獨以熱水沖泡飲用。

合菜中有一道較少看到的「胡椒豬肚」，鄧富祥說這是富里傳統的辦桌主要菜色，為了保留「食憶」，現任總幹事張素華特別請經驗老道的在地總鋪師，指導田媽媽們製作這道菜，同時也承繼了「食藝」。

前置作業的豬肚處理是很重要的關鍵，必須非常費工地經過多道程序才能清理乾淨且不留異味，蔥、薑、酒之外，酸菜通常是不可或缺的搭配，白胡椒更是關鍵中的關鍵，農會版的胡椒豬肚還加入大量的花生，豬肚滑嫩帶點咬勁，胡椒香氣四溢，這道料理做為火鍋湯底也相當合適，除了現場品嚐，也可透過網購在自家輕鬆加熱食用。

▲ 富麗禾風豐富的菜色

富麗禾風田媽媽餐廳在富里鄉農會展售中心的二樓，主要以便當為主，包括招牌豬肉、滷爌肉、鹽烤鯖魚、黃金排骨、醬烤雞腿、梅干菜獅子頭、泰式椒麻雞與素食便當，從上午 10 點到下午 5 點供應，團體合菜則需事先預約。此外，若干料理如胡椒豬肚、烏骨雞湯可在農會線上購物區的冷凍商品訂購。

必買 胡椒豬肚、烏骨雞湯冷凍包
必吃 梅干菜獅子頭、糯米雞湯、胡椒豬肚

富麗禾風
花蓮縣富里鄉羅山村 9 鄰 6 號
03-8821991

木虌果、鬼頭刀與白蝦 大啖成功三寶

成農花田餐坊

成農花田
餐坊

木虌果
好特別～

位於臺 11 線上 107.5K 有一片花海，對面即是臺東成功鎮農會了。近年農會利用閒置穀倉打造「成農花田餐坊」，讓來到成功鎮的旅人可以歇息，並享用在地食材所做的料理，在此一次品嚐到「成功三寶」木虌果、鬼頭刀與白蝦。

木虌果是這裡主打的料理食材之一，也是全臺少數推出木虌果料理的餐廳。木虌果營養價值高，在國外被譽為「天堂來的果實」。餐坊研發各式料理，做成木虌果海鮮鍋、木虌果義大利麵、木虌果凍飲、木虌果果汁等，讓旅人嚐鮮。

來到東海岸不能錯過的海鮮，來自附近的成功漁港，鬼頭刀蛋白質含量高，有魚柳、火鍋等吃法。成功鎮農會三仙台白蝦產銷班養殖的白蝦，肉質紮實，在海鮮燉飯與義大利麵都用了白蝦。

木虌果之鄉 研發特色料理

民國 101 年，成功鎮農會利用閒置穀倉成立田媽媽餐廳，名為「成農花田餐坊」，最初接待團客，後來為方便自由行散客用餐，改推單人份簡餐。考量到許多外國遊客造訪臺東，菜單貼心標上中英文對照說明。

因為歸屬農會轄下，餐坊田媽媽們都是農會員工，從各個單位輪調，倘若缺人手，農會同事都能上陣。家政指導員莊世玉說，調來餐坊都從外場做起，她自己最早在農會信用部門，來餐坊才學習接待與溝通，原本對廚藝沒信心，在這裡學到很多。成功鎮經濟產業以農、漁為主，漁業主要為鰹魚、旗魚、鬼頭刀、鮪魚等漁獲，另有白蝦養殖業，餐坊海鮮料理主要以鬼頭刀、白蝦為食材。最獨特的食材是木虌果，是全臺少數能嚐到木虌果料理的地方。

木虌果是東臺灣山區原生植物，為葫蘆科苦瓜屬植物，多年生爬藤類，俗稱刺苦瓜。扁形種子像鱉，又像是木頭，故稱為木虌果。對原住民來說，木虌果是傳統食材，昔日採集野生果實，多以青果入菜，嫩葉則拿來煮蝸牛湯或魚乾湯。

民國 104 年，臺東區農業改良場在成功鎮農會設立木虌果栽培示範園區，推廣栽培錐形體的臺東原生種，青果、熟果、葉子皆可吃。餐坊推出的料理使用的是熟果假種皮，富

當太麻里遇到 義大利

成農花田餐坊主廚杜文正，先後在臺北與臺東星級飯店擔任主廚，專長為西餐，尤其是義大利料理。來到成功鎮之後，不但傳授廚藝，並開發在地食材更多元的吃法。杜文正本身是臺東太麻里的排灣族人，近年他把推廣原住民飲食文化當作己任，逐步的將刺蔥、馬告等融入西餐，未來將加入更多原住民美食元素。

▲ 食材豐富的木鱉果海鮮鍋

含茄紅素、β-胡蘿蔔素等，茄紅素是番茄的 70 倍以上，可烹調燉湯或加入果汁飲品等。

木鱉果入菜 把弱點變優勢

成農花田餐坊的料理食材，主要是「成功三寶」木鱉果、鬼頭刀與白蝦。鬼頭刀與白蝦是海鮮，很容易運用於料理，讓木鱉果入菜才是最大的考驗。主廚杜文正說，一開始對這問題很頭疼，不光是客人對木鱉果陌生，他自己也不甚了解。

木鱉果營養高是優勢，但弱點是「沒味道、沒香氣」，該如何說服客人吃它呢？杜文正研究之後，靈機一動，「只要將弱點變強項就行了！」既然木鱉果本身沒味道，就代表可以用抽象方式呈現，就如同他擅長的義大利料理，常使用番紅花為料理增色。於是他嘗試將木鱉果加入義大利紅醬，並推出木鱉果海鮮燉飯與義大利麵，如今是餐坊推薦菜色。策略成功之後，他打算未來再開發披薩及麵包等產品。

在海鮮食材上，成功漁港每年 5 至 7 月、10 至 12 月是鬼頭刀主要漁獲季節，鬼頭刀蛋白質含量高，營養豐富，是成功鎮當地餐桌上的家常食材。鬼頭刀傳統料理方式為煮湯或乾煎，近年鎮上有人賣起炸魚塊，鹹酥雞吃法成了人氣小吃，現在來餐坊也可以嚐到升級版吃法。餐坊菜單上的「鬼頭刀魚柳」，在醃製醬汁加入原住民愛用的辛香料馬告；酥炸後附上主廚自製的泰式海鮮醬，以及普遍口味的鹽酥粉兩種沾醬。

另一種常用海鮮食材為白蝦，由成功鎮農會三仙台白蝦產銷班養殖，特色是以鹹度零污染的純海水養育，使得蝦肉紮實，而且白蝦是很好運用的食材，可加入火鍋、海鮮燉飯與義大利麵。杜文正則加點變化，「避風塘白蝦」用的是自製刺蔥油，油炸出不一樣的避風塘香氣。

▲ 鬼頭刀魚柳是近年流行的吃法（左）
　避風塘白蝦使用在地水產（右）

成農花田餐坊菜單主要為簡餐、義大利麵與火鍋，可憑個人喜好點餐。簡餐配菜依當季食材做變化。想購買伴手禮的話，餐坊旁就是農會農特產品展售中心，與便利商店異業結盟，展售各式成功鎮在地伴手，臺東其他優質農特產品也一應俱全。

必買　木蘿果系列產品、成功咖啡、白蝦
必吃　鬼頭刀魚柳、木蘿果海鮮燉飯、避風塘白蝦

成農花田餐坊
臺東縣成功鎮忠孝里美山路 139 號
089-871848

秋 臺東關山 碗公飯傳遞的不只是美味

米國學校餐廳

充滿愛的
碗公飯！

縱谷獨特的地形、大圳引來潔淨不絕的水源，造就了優質的「關山米」，關山鎮農會主導的「米國學校」所要推廣的也正是以「米」為主角，不只推介田媽媽餐廳內美味道地的「古早味大碗公飯」，還要藉由「好吃的米」，讓人們體會「米的價值」，珍視農業的價值。

近年流行講的「從產地到餐桌」，關山米國學校人稱「校長」的彭衍芳則主張「從泥巴到嘴巴」，透過一碗飯的魅力，在原本的輾米廠、米倉改造的空間中，引領人們了解一粒米是如何的得來不易；更設計了「農村食材尋寶趣」、「大米小米打獵趣」等導覽體驗活動，進入田野農村、原民部落，踩著單車循著關山大圳看地形、看環境、看農業與它的關係，自己動手煮一鍋湯、燒一頓飯，讓遊人來到米國學校，不僅是吃喝採買，更能在這個教育、學習的場域中，知悉臺灣農業的美好。

搭座舞台而非擂台

早年為了戰備考量興建的「糧倉」，以及舊的輾米廠設施，關山鎮農會將它們全數保留，民國 92 年開始規劃，94 年正式開業，一手規劃、營運的彭衍芳說，「米國學校從來不是觀光景點，它的定位在『農業推廣教育中心』」。

保留整座輾米廠的機具設施，讓人們知道白米是需要經過稻穀、粗糠、糙米等 10 道程序才能產出良質米，變成香噴噴的米飯，更要讓人們看到小小一顆米是需要多麼大的場地與機器才能產出，把理所當然的心態轉變為珍惜。

原本由家政班婦女帶領做 DIY 體驗，民國 100 年才決定申請成立田媽媽餐廳，其實是「米國學校」教育推廣作為的環節之一，希望把農村食米文化

米國學校是一座 ▶
農業推廣教育中心

▲ 碗公飯內每一道菜都要精心烹調

繼續傳承，講究的是食材的新鮮與純粹。選擇單做「碗公飯」而不做便當或風味餐，還
考慮到「不要用農會百年招牌與地方競爭」。

相同的概念，彭衍芳説，米國學校是關山的、臺東的，「我們是在搭一個舞台，不是擂
台」，「擂台成就一個冠軍，台下死傷一片」。米國學校希望農業相關的各種專才都有
一個表演的舞台，它是多元的、包容的，在這裡，每個人都是主角。

食物新鮮實在就好吃

沒有鐵製的便當盒，當然也沒有塑膠盒、免洗餐盒的古早時代，農家要送飯給田裡工作
的家人朋友，就是用粗陶碗公盛裝飯菜；隨著時代的演進，如何讓這樣的器具與生活文
化不被淡忘？這就是關山米國學校田媽媽餐廳的「古早味大碗公飯」的由來。

這一碗飯，不只是美味吃得飽，重點還在於「讓長者回憶、讓幼者體驗」，一貫承續著
米國學校成立的宗旨。米國學校田媽媽餐廳，每天只供應午餐，而且就只有大碗公飯！

假日如果不早點來，還可能吃不到！由兩位媽媽負責掌廚，主菜或是爌肉、排骨，有時是滷雞腿，搭配當令的時蔬，如龍鬚菜、番茄炒蛋、南瓜、筍乾、福菜，當天有什麼煮什麼。

白米飯一定使用良質的關山米，使用的蔬菜則是在地農民栽種的，肉品也都是關山地區的，「我們講求的是食材的新鮮，不特意強調華麗的菜色」，「食物新鮮就好吃」！餐廳內雖然只看到兩位媽媽掌廚，但有許多「外圍的田媽媽」，彭衍芳解釋道，這裡使用的是鄉村婦女種的菜，當餐廳接到大量訂單需要人手的時候，她們就會來幫忙。用這種模式運作，農村婦女有工作、作物有銷路、餐廳臨時需要較多人力時不用太擔心，更能做到「食物里程歸零」的目標。

很多人質疑：田媽媽光做碗公飯能賺錢嗎？

「我要賺的不是這個碗公飯的錢，我要賺的是他（註：消費者）後半輩子都在吃飯的這個錢」，彭衍芳說，「他如果吃了碗公飯覺得臺灣的農產品真的不錯，願意在他的下輩子都使用臺灣的農產品，臺灣的農業就更有機會」。

讓碗公飯更有滋味的陶碗 ▶

米國學校位於縱谷公路臺 9 省道 315.9K，佔地廣闊、色彩繽紛的建築非常醒目，田媽媽餐廳只有中午供餐，園區內還有福利社、咖啡館與農特產中心，很有得逛，更有校內、校外結合的體驗遊程，事前預約參加，可更深入了解關山與米相關的生活文化。

必買 關山米系列產品
必吃 古早味大碗公飯

米國學校田媽媽餐廳
臺東縣關山鎮昌林路 24-1 號
089-814903

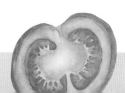

有藝術氣息的金針花料理

青山農場

美好的金針花料理

臺東太麻里是日出之鄉，也是東臺灣著名的金針花海景區，每到 8 至 10 月，許多遊客湧進太麻里金針山，就是為了目睹黃澄澄的壯觀花海。在大飽眼福同時，不要錯過品嚐田媽媽的金針花料理與認識金針花。

從太麻里街區開車上山，約 20 分鐘可抵達青山農場，海拔 850 公尺，比山下多了一些涼感。農場主要的木造建築物，是昔日的金針乾燥加工廠，現在除了是農場公共空間與

田媽媽餐廳所在，也陳列文物與老照片，展示 5、60 年前興盛時期的金針花產業史。青山農場田媽媽除了金針主題料理，並且隨季節變換，不定時推出當季菜色。農場有許多體驗活動，可嘗試愛玉 DIY、採摘碧玉筍。春天賞櫻、紫藤、繡球花，夏季賞金針花海，秋天賞楓。時間充裕的話，就投宿在農場民宿，觀賞太麻里日出，白天悠閒走步道，夜晚賞螢觀星。

從生產製造 轉型休閒觀光

臺灣的金針花，早於明鄭時期隨著大陸華南地區移民來到臺灣西部。60 多年前，西部移民又將金針花帶到東臺灣的太麻里等地種植。一甲子以來，金針產業大起大落，又從生產轉型休閒產業，使得金針花海成為臺灣夏日印象之一。這段金針發展史，幾乎等同了青山農場的故事。

金針山原名太麻里山，日治時期是瘧疾藥材研究實驗林區，種植金雞納霜等藥材。戰後改種當歸與造林，民國 47 年八七水災後，許多西部人移居花東，太麻里山移民多來自嘉義阿里山區梅山、瑞里一帶，帶來金針苗種。

青山農場主人蔡政銘是農場第二代，民國 50 年代，人在嘉義的爺爺聽說太麻里種金針有前景，便出錢投資。開始僅止於出錢，直到蔡政銘的父親蔡青山自嘉義農專畢業後，奉父命來到太麻里親身投入，才真正開啟蔡家的金針事業。「有人說，是金針花選擇了金針山。」蔡政銘說，金針山海拔高度約 600 至 1400 公尺，涼爽的氣候適合金針生長，產業盛極一時。但好景不常，金針產業盛況就像金針花期一樣短，民國 80 年代，太麻里金針產業開始沒落，沒有利潤，請工人採收不划算，乾脆放棄採收，大片花田改種樹。

「正是因為金針花被放棄，才有可能看見它開花。」蔡政銘說，民國 87 年，當地舉辦賞花活動，以金針花的別名命名忘憂花季。花季活動很成功，滿山黃澄澄的金針花海吸引了遊客目光，「當地人也不知道大片的金針花田開滿之後有這麼美，也沒想過會有人特地來看。」後來決定持續舉辦花季活動。遊客來了，需求隨之而來，他們創立「青山農場」，整修廠房又增設餐廳，提供旅遊餐飲服務。

從博物館碩士到 美麗田媽媽

田媽媽鄭淑芬身為中壢客家人，在臺南藝術大學研究所讀碩士，學的是博物館學，過去經歷與餐廳八竿子打不著。有一年，她受邀到臺東鹿野某工作坊擔任講師，因緣際會與青山農場主人蔡政銘結識，放假便到太麻里賞螢，火金姑當月老牽起了紅線，她就此駐足太麻里，日後參加家政班又當起田媽媽，難怪農場的料理多了一份藝術氣質。

▲ 青山農場田媽媽料理以金針花等在地食材入菜

第一年的花季打了一場漂亮的仗，參與其中的蔡政銘，隔年退伍就回農場跟父親一起打拼。直到現在，農場還保留一甲地的金針花田，除了金針花季，四季還有不同花卉，並推出賞螢等生態導覽活動。

端上餐桌 重新認識金針的滋味

金針花英文名字為 Daylily，盛開期間極短，又稱「一日美人」。蔡政銘說，「金針過去是不給開花的。」食用的金針花得在盛開前夕採收花苞，新鮮花苞需經過殺菁、乾燥，才能製成乾燥成品，也就是傳統常見的金針花產品。

古早的殺菁法是以熱水燙過，民國 50 年代改用水蒸氣，60 至 70 年代改用亞硫酸鈉，好處由於低溫處理，可以保存漂亮的花色，但缺點會殘留二氧化硫。80 年代後，由於健康養生概念普及，消費者對殘留過多的二氧化硫有疑慮，金針花這個傳統食材逐漸消失在日常餐桌。

金針山種植最多為華南金針，另有少量的重瓣金針、香水金針等，但只有利用華南金針入菜。而金針花全株都有用處，根可泡茶，嫩莖嫩葉成了碧玉筍，有些地方還拿來做紙。為了讓臺灣人重新認識金針食材，品嚐金針的滋味，青山農場田媽媽鄭淑芬以金針山在地的金針入菜，金針花可煮鮮美的湯，被稱作碧玉筍的嫩莖，清炒口感清脆。金針之外，鄭淑芬運用許多在地食材入菜，山區栽種的生薑、蔬菜，以及太麻里的洛神花、樹豆等，呈現多樣化的料理，例如香噴噴的燒烤五花肉，配菜使用自己醃製的蘿蔔；金針烘蛋使用臺東在地雞蛋，色香味皆誘人。

鄭淑芬運用巧思推出當季料理，例如夏季的司馬林魚烘蛋，是外地少見少用的食材。原住民所稱的司馬林，原名日本禿頭鯊，又名日本瓢鰭鰕虎魚，是一種會洄游至河川的小魚，生長在水質好的地方，當地人只在端午至中秋期間，每逢月初月底大潮之時，在太麻里溪口與金崙溪口捕撈。

馬林魚烘蛋 ▶

食農小學堂　金針菜英名 daylily，俗稱金針花、萱草、忘憂…等。因為花瓣較花筒長，有雄蕊六枚，花絲細長狀如古時金針，故名金針花。金針含有維生素及礦物質等所以營養價值高，尤其鐵質含量是菠菜的 20 倍、萵苣的 10 倍。另外因為其風味獨特，是蔬食及家庭餐食極佳選擇。金針花除可當觀賞植物，一整株的用途極廣，花苞可以「金針鮮蕾」供應鮮食或加工製成「乾金針」，葉片是萱紙的製造材料，地上莖還可當作碧玉筍，紡錘狀肉質根則可入藥為銀根，栽培利用範圍廣且經濟價值高。

青山農場田媽媽餐廳採預約制，隨季節變換菜色，且不定時推出當季食材製作手工點心。金針伴手有無硫金針、安全金針，前者完全不用亞硫酸鈉，後者是二氧化硫殘留標準為 4,000 ppm 以下，食用前浸泡溫水約 20 至 30 分鐘後即可料理。

必買　無硫金針、安全金針
必吃　金針花料理、司馬林魚烘蛋、燒烤五花肉、金針烘蛋

青山農場
臺東縣太麻里鄉大王村佳崙 196 號
089-781677

秋　金門

石蚵鮮美上桌　有媽媽的味道

鮮豐食堂

鮮豐食堂

滿滿的
大海味道

來到金門，許多遊客喜歡體驗戰地風情與古厝文化，事實上金門料理也值得駐足品嚐。使用石蚵、麵線、豬肉、高麗菜等在地食材，看似熟悉的料理，又有不同作法或口感。

石蚵是金門人日常餐桌上的食材，金沙鎮上鄰近沙美老街的田媽媽「鮮豐食堂」，擁有自家的蚵田，以鮮美的石蚵做蚵仔煎、石蚵豆腐、芋頭石蚵、石蚵飯等料理。石蚵養殖方式與臺灣不同，隨著潮水來去，蚵苗經過海水三溫暖，個頭雖小，口感Q彈無腥味，全年皆可採收，主要產季為十月到隔年四月，過年前後最為肥美。

賣早餐起家 客源從阿兵哥到遊客

「鮮豐食堂」田媽媽許玉治是金城鎮人，從金門西邊嫁到東邊的金沙，與先生黃奕泰最早在沙美商圈賣傢俱，辛苦搬重物20年，兩人筋骨都傷到，決心轉業。民國94年改作早餐生意，客源主要是阿兵哥。

「沙美駐軍愈來愈少，幸好當時還有抓到尾巴。」黃奕泰回憶，民國60年代駐軍很多，沙美每戶人家門口都是小吃攤，家家戶戶搶做阿兵哥生意，直到民國81年金門解除戰地政務，駐軍慢慢撤離，現在在路上看見阿兵哥都很稀有，而他們94年開店時還有些駐軍，生意還不錯。

許玉治說，賣早餐的年代，主要做蔥油餅、餡餅、廣東粥等等，沒有固定產品，客人訂購什麼，她就想辦法做出來。當時沙美沒人賣豬肉餡餅，她跑去金城、山外等店家買回餡餅做研究。最早根本沒有店名，餡餅做出名氣後，大家都以旁邊的郵局當地標，稱他們是「郵局那一家」。開店沒多久，接到第一筆訂單就是大生意，童子軍活動主辦單位向她訂500個餡餅。許玉治笑說，雖然自己當時還是新手，但膽子很大的接下訂單，招喚金城娘家的媽媽、弟弟來幫忙。完成這一筆大訂單，也讓她吃下定心丸，證明自己能做得到。

民國100年，她加入田媽媽，餐廳有了名字叫「鮮豐食堂」，每年到臺灣上課學習，目前是金門唯一的田媽媽餐廳。

▲ 鮮豐食堂可客製化金門在地美食

自家有蚵田 有需要就去採收

在金門海邊常會看到一望無際的長方型石條一條條的豎立，那就是石蚵田了。早期利用的花崗岩蚵仔條，據說原本是壓艙石，近代改用竹子、鋼筋或水管材質。許玉治說，約3年前開始自己養石蚵，自家的蚵仔條有 500 條，為最新的塑膠材質，平常不必特別照顧，有需要時就去蚵田採收，假如自家的不夠用，就跟鄰家買。

鮮豐食堂很多料理都以石蚵入菜，石蚵豆腐是古早味，先煎好豆腐，再加石蚵與豆鼓，適合下飯。芋頭石蚵用的是小金門芋頭，是秋季的食材。類似油飯的石蚵飯，使用糯米加白米，加入三層肉切絲。她的拿手好菜蚵仔煎，份量十足。金門蚵仔煎與臺灣蚵仔煎的不同之處，除了使用金門石蚵外，用的是地瓜粉，煎起來較酥脆；而臺灣蚵仔煎加入太白粉，是稠軟口感。

豬肉也是鮮豐食堂經常入菜的食材，取自吃高粱

傳承媽媽味道的豬肚絲炒肉絲 ▶

酒糟長大的黑毛豬，例如東坡肉，以大塊三層肉滷四小時，搭配筍絲，油而不膩。酸白菜火鍋也使用三層肉，搭配在地的赤嘴、金沙老店的豆腐，酸白菜則是經過多番試吃後，選用金門大地高粱酒糟的酸白菜。豬肚絲炒肉絲是許玉治在娘家學的，是她媽媽的拿手菜，這道菜最麻煩的是清洗與切絲，除了豬肚、肉絲，還有木耳、芹菜、香菇、金針菇等食材，事前準備頗費工。

伴手禮依不同季節有不同產品，人氣伴手禮粽子，分為石蚵與干貝兩款內餡。胡椒餅有原味與薑黃兩種，也是許多遊客慕名來購買的伴手禮。

胡椒餅有原味與薑黃兩種口味 ▶

食農小學堂　生蠔、牡蠣、蚵仔，哪裡不同？答案其實他們是一樣的。牡蠣又稱「蠔、生蠔、蚵仔」但牡蠣是較正式的統稱。而牡蠣的品種主要和海區有關係，同一品種的牡蠣在不同海域裡命名不同、養法不同、時間不同，價格也就不同。養殖時間短，體型較小的習慣上稱為蚵仔，體型較大的稱為牡蠣；而生蠔則是因為養殖時間長，加上採收、清洗、運輸的過程都要嚴加控管溫度與溼度，使生菌數符合生食標準（每公克生菌數十萬以下，大腸桿菌數與腸炎弧菌數檢測都為陰性，才能以生食形式販售）所以生蠔的價格比蚵仔高出許多。

鮮豐食堂沒有固定菜單，可客製化金門在地美食，一桌合菜價位約 5000 至 6000 元，兩人用餐約 1000 元，需預約。可訂購手工自製產品，包括胡椒餅、水餃、肉粽、紅龜粿等。週一公休，營業時間 11:00 至 14:00。

必買 胡椒餅、水餃、肉粽、紅龜粿
必吃 蚵仔煎、石蚵豆腐、東坡肉、豬肚絲炒肉絲

鮮豐食堂
金門縣金沙鎮國中路 7 號
082-351633

秋

澎湖元貝

到海上享用現撈的海鮮大餐

元貝田媽媽海上料理舫

海上餐廳
好好玩～

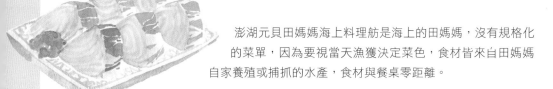

澎湖元貝田媽媽海上料理舫是海上的田媽媽,沒有規格化的菜單,因為要視當天漁獲決定菜色,食材皆來自田媽媽自家養殖或捕抓的水產,食材與餐桌零距離。

元貝田媽媽搭配海上遊程,提供漁業生態體驗,遊程豐富,可看、可釣、可玩,又可吃得到,包括員貝環島、箱網餵魚、潮澗帶活動、夜遊東海與釣小管,視潮汐決定當天活動內容。田媽媽吳沛針在船上料理,將當天捕獲的海鮮成為下午茶與晚餐,享用海鮮大餐同時又可欣賞海上黃昏。船長陳順湖是澎湖在地人,相當熟悉大海,不同時間來,他會帶遊客嘗試不同的漁業體驗,例如 4、5 月有花枝,5 至 9 月則有魷魚,6 到 9 月可以夜釣小管。

搭遊船出海　體驗當漁夫

元貝田媽媽吳沛針與龍塋船長陳順湖,夫妻倆帶遊客從體驗漁業到品嚐料理,整趟海上行程邊吃邊玩。陳順湖是員貝嶼人,經營外海箱網,養殖海鱺、紅甘等,但海鱺利潤不高,他認為,既然朋友們那麼喜歡來漁場釣魚,表示休閒旅遊的路可以走,民國 76 年開始做遊程,日後經營龍塋海上休閒公司,民國 105 年成立元貝田媽媽海上料理舫,將漁業、旅遊與美食通通結合。

陳順湖發揮機電工程的經驗,研發出沈底式養殖法,可防盜、防颱風又能防病菌,現在養殖最多的是嘉鱲魚。雖然研發項目很多,但他最自豪的是與女兒一起設計的龍塋號休閒遊艇,女兒就讀臺大海洋工程科系,船上送菜的升降電梯、救生衣都是父女倆的發想。

當日捕獲到軟絲、花枝、鯛魚、白鬚鯮與扁鶴針,以及又名「炸彈魚」的鰹魚。陳順湖說,看似豐收,但是跟以往比起來,漁獲量還是減少許多,所以他不僅教遊客體驗捕魚,也向遊客宣傳生態保育,捕獲的小魚先放透明杯中,讓遊客觀察後趕緊放生,倡導不吃小魚。

海洋資源的守護者

龍鎣船長陳順湖自小在員貝嶼長大,島上忌諱抓小魚,禁止毒魚、電魚與炸魚,祖先交代不可以抓小魚,讓海中生物永續生長,大家才能永遠有得吃。他笑說,小時候到海邊撿螺,如果撿回「未成年」的小螺,就會被大人恐嚇「晚上睡覺螺母會來敲門!」如今他經營海上旅遊,也在遊程中推廣保育觀念。

龍鎣船行程多樣,並在船上享用田媽媽料理晚餐。遊程之一的無人島「澎澎灘」,由珊瑚碎屑構成,因海潮變化於民國 84 年浮現海面,珊瑚碎屑在隨海潮洋流搖擺不定,好像活龍擺尾,故又稱「活龍灘」。

無菜單料理 食材來自大海

元貝田媽媽海上料理舫最大的不同,就是帶著客人出海體驗捕魚,在船上一邊欣賞黃昏、一邊享用晚餐。食材來自澎湖大海,吃的是新鮮原味,沒有菜單,看當天捕獲什麼就做什麼料理,吳沛針笑說,「每次收網時看到漁獲,我的腦袋裡就會開始『開菜單』了。」

吃起來滿口米香又有口感的「米鑲小卷」,是整條小卷內塞糯米飯再油炸,相當豪邁。吳沛針解釋,這種作法靈感來自「殼仔飯」,是澎

海鮮粥滋味鮮美 ▶

湖人在清明節才會做的傳統食物，過去利用大蚌殼包裹菜飯，方便攜帶出門。菜名很有趣的「海軍陸戰隊」，是將澎湖產的丁香魚加上陸地的花生，組成一道開胃小菜。海鮮粥有滿滿蝦、小卷、海菜等海味，常有客人吃得意猶未盡再添一碗。蔥燒魚使用自家養殖的龍虎斑，不用藥，加上澎湖海域水質好，使得龍虎斑品質優良、富含膠質。另一道肥美的蚵仔，同樣來自澎湖外海。

▲ 「海軍陸戰隊」是丁香魚加花生

澎湖帶客人出海體驗的旅遊業者很多，但元貝田媽媽的特色是從養殖業轉型服務業，陳順湖是員貝嶼人，從事漁業多年，導覽解說可以很「入骨」。他們從接待到登船、漁業體驗與料理，全程自己規劃與參與，透明化的讓遊客眼見為憑。吳沛針曾經營食材加工，將澎湖海膽與瀨尿蝦銷到全臺各地的日本料理店，因此結識許多日料老闆，常在餐桌上交流料理與擺盤方式，而且她經營的是高級食材，對食材的鮮度很講究，也利用出海接近海洋的機會，教遊客「吃飯就是要吃新鮮」，用味蕾學習什麼是「尚青」的滋味。

小管醬伴手禮　用料實在

元貝田媽媽的伴手禮小管醬，用料實在，常有客人訂購一買再買。由於漁民看天吃飯，小管捕獲量少就不製作，吳沛針研發新產品蚵仔醬，以澎湖的大頭菜干煮小蚵仔，保留一顆顆蚵仔的原狀，將視產量決定上市。

元貝田媽媽海上料理舫搭配海上一日遊體驗，4 月至 9 月推出，14:00 出海至 20:30，每人 2200 元，需預約。行程包含：箱網餵魚、潮間帶活動、海釣、東海賞鷗、造訪無人島（活龍灘）、夜遊東海與夜釣小管，視當天潮汐決定活動內容，並在船上享用田媽媽料理晚餐。

必買 小管醬
必吃 米鑲小卷、海軍陸戰隊等無菜單料理

元貝田媽媽海上料理舫
澎湖縣白沙鄉岐頭村 20-2 號（岐頭碼頭遊客中心）
06-9932305

 立冬過，稻仔一日黃三分，有青栗無青菜

立冬這一天，有所謂的「補冬」，因為古人認為冬季天氣寒冷，需要補充營養，所以「羊肉爐」、「薑母鴨」等冬令進補餐廳開始高朋滿座，有些家庭還會燉麻油雞、四物雞來補充能量，順便犒賞一家人一年來的辛苦，有句諺語「立冬補冬，補嘴空」就是最好的比喻。

 月內若響雷，豬牛飼不肥

感恩節 (11月最後一個星期四)- 火雞是美國感恩節的傳統主菜。紅莓苔子果醬 (就是蔓越橘醬)，一直是感恩節和聖誕節主菜火雞的配料及調味品。

 朝看東南烏，午前風急雨

 冬至烏，過年酥

「冬至」也具有大節的意義，因此有人將冬至的所有祭拜活動，稱為「謝冬」，的確是能表現收穫季的心境。傳統上都會吃湯圓、發粿、糕餅、扁食、水餃。

 小寒大冷人馬安

大寒 新年頭，舊年尾

尾牙日祭拜土地公祭灶送神 (農曆12月24日) 除夕 (農曆12月31日)

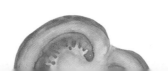

冬

新埔鎮農會特有餐飲美食坊

不能錯過的
炒粄條！

「新竹新埔鎮農會特有餐飲美食坊」是一家專賣客家菜的餐廳，它不只觀光客會來排隊，更是當地客家人婚宴聚餐也會來訂桌的美味餐廳，回頭客很多，且只要多回頭幾次就會發現，它賣的其實不只客家菜，更緊緊傳承著客家老滋味。

許多人對客家菜的印象就是四炆四炒、重油重鹹，浮現腦袋的大多都是客家小炒、薑絲炒大腸、梅干扣肉、油燜桂竹筍等等。當然，這些常見的客家代表菜這邊也都有，但這裡更特別的是願意花更多時間與手工，製作像是紅糟鴨、桔醬高麗菜、桔葉粉腸等更具客家文化意涵的菜色。

「特有餐飲美食坊」位於相當文青的「新農民市場」旁，旁邊有著網路上非常紅的「穀倉咖啡廳」，用餐時，一旁窗戶望出去，會跟著四季節氣不同而有著插秧翠綠、稻穀金黃、蔬菜滿園等不同田園風情，或晴天藍天白雲，或陰雨浪漫詩意，是非常好的客家饗宴體驗地。

新竹新埔　勤樸客家菜滋味

新埔絕大部分都是丘陵坡地，不利交通開發，卻也讓此地一直保留著純樸客家農村風情。民國 95 年間，新埔農會為了行銷在地農特產，也為了傳承客家滋味，因此整合在地家政班班員，利用原本的洋菇集貨地推出「特有餐飲美食坊」。

餐廳推出後很快就因好滋味帶來人潮，每到週末假日用餐時段都需排隊，正向口碑加上空間潔淨可容納約 180 人，不少當地客家人聚會宴客也都來訂位。點單率最高的招牌菜是桔醬白斬土雞、客家湯圓、客家小炒、薑絲大腸、金沙南瓜。多數食材都是在地農家生產，特別

是那碗白飯是用新埔農會自有的「良質米」，陳班長說，常常有新埔在地人懶得煮飯時就直接來買幾碗白米飯，因為「我們的煮更好吃」。

▲ 傳承兩代的客家滋味（上）
其他地區罕見的紅糟鴨，是新竹地區客家人的年節代表菜色（下）

客家滋味兩代傳承

新埔「特有餐飲美食坊」最初由家政班學員共同組成，並由農會總幹事與輔導員林明珠一路陪同成長，經過 10 多年營運後，現在主要由陳淑玲班長負責營運，並逐漸帶入兒侄等二代青年回鄉學習接棒。這些年來，田媽媽除了跟老一輩鄉親學傳統客家菜，也在農委會輔導下跟不少學校教授與飯店大廚學廚藝，平日也廣泛運用在地小農種植的栗子南瓜、黑豬、土雞蛋，或是選用在地老人家製作的桔醬、菜脯來入菜。賣的不只是客家菜，更傳承鄉里感情與客家文化。

紅糟鴨　客家惜物年節味

陳班長說，早年新竹地區客家人年節拜拜，雞鴨魚肉都上桌，平日苦哈哈，到了過年卻一下肉類太多吃不完，因此在地婦女會以糯米、紅麴米蒸熟再加入米酒，早年沒冰箱時，這一缸「紅糟酒」就如冰箱般具有防腐神效，吃不完的雞鴨魚肉直接放入缸中，如此約可保存一星期上下。更神效是，在裡頭保存的肉類會慢慢熟成，特別是纖維感強的鴨肉會慢慢軟嫩，並因糯米與紅糟帶來澱粉的甜、因米酒帶來淡淡酒香，上桌後的紅又帶來年節喜慶感。這道菜要從紅糟製作開始，耗時費工，其他地區少見，到新埔田媽媽時別錯過。

桔醬高麗菜

同樣是客家惜物代表還有「桔醬」。酸桔冬季盛產，但酸到難以入口，就如酸澀的虎頭柑，客家人會在年節拜拜之後製成酸柑茶，酸桔仔細去掉會苦的籽，然後皮肉分離並打碎，再依所需時間不同，分別熬煮到適合的泥狀後，再添加辣椒等配料混合成桔醬。桔醬妙用無窮，可加醬油沾白斬雞，也可炒桔醬高麗菜，或製作宛如糖醋排骨般酸甜的桔醬排骨。

▲ 桔醬是客家惜物文化代表

另外這邊的桔葉粉腸與客家湯圓也都非常傳統味，金沙南瓜、客家悶鯽魚、新埔炒粄條更有好口碑，都能帶來極好的客家美食體驗。

食農小學堂　北客蘸桔醬、南客蘸九層塔醬。因為桔類的生產大部分以以北部山區為主，所以早期桔醬幾乎都是北部客家人拿來當蘸醬或料理用，桔醬到底是用那一類的桔子其實並不一定，不同地區的客家人也會以不同的「桔」來做成桔醬，大致上新竹使用酸桔、苗栗善用金柑、高屏客家人用四季桔，口感上各有其獨特之處，主要目的就是解油膩之外還可以增加食慾，桔醬的酸甜苦辣鹹，就像人生的滋味，蘊含酸楚卻又美好。

特有餐飲美食坊平日中餐與晚餐時段供餐，到了周末假日則從中午 11 點營業到晚上 9 點。出發前記得電話聯繫詢問，假日要有排隊心裡準備。如果遇到排隊，可到一旁的新農民市場選購來自臺灣各地農會的商品，或到穀倉咖啡廳感受網美喜愛的咖啡空間。如果夏季到訪，可吃吃在地水梨，秋季到訪則可順遊附近的晒柿餅景觀。

必買 桔醬
必吃 紅糟鴨、桔醬高麗菜、桔葉粉腸、客家湯圓

新埔鎮農會特有餐飲美食坊
新竹縣新埔鎮四座里楊新路一段 322 號
03-5891658；0919-256626

客家節慶食物大本營

飛鳳傳情

田媽媽教學廚房

客家米食
好吃又好玩～

新竹竹東中央市場是臺灣最大客家傳統市集之一，而鄰近此處只要 15 分鐘車程的新竹芎林農會超市，可說是「品項最齊備的客家食材超級市場」。跟竹東中央市場一樣，這裡充滿客家傳統滋味，酸菜、福菜、梅干菜、苦瓜乾、蘿蔔錢、老菜脯、仙草葉 ...，各種客家新鮮蔬果與醃漬滋味應有盡有，而且幾乎都是產銷履歷或在地小農手作並掛名的產品，附上 QR Code 對品質負責。

更有趣是，這個充滿現代文青感與小農溫度的超市，也是新竹芎林「飛鳳傳情米點坊」田媽媽的根據地，幾位田媽媽會輪班來此帶領食農教育活動或進行田媽媽廚藝教學，也會針對不同節慶製作草仔粿、客家粽、蛋黃酥、蘿蔔糕、菜包、湯圓、紅龜粿、牛汶水等應景食品，平常有空也會製作客家鹹豬肉、滷豬腳、芋圓、磅蛋糕等客家媽媽家常美味，在超市中以冷凍方式販售。

這不是一家隨時走進來就能吃飯的田媽媽，但確實這是一家充滿美味與笑容的田媽媽。想品嚐這裡的親切笑容與美味，可以預約用餐、可以買田媽媽做好的食品回家加熱，更歡迎預約體驗行程，好好認識芎林鄉的稻米與米食文化，然後在田媽媽帶領下一起搗麻糬、蒸蘿蔔糕，感受客家農村的人情與傳統美食。

▲ 各種小農商品與田媽媽商品

頭前溪水 孕育優質芎林稻米

新竹芎林早年是泰雅族與賽夏族的遊獵區域，地處新竹平原與山區交界，同時擁有平原與丘陵地貌。清朝年間，客家人進入開墾，很快讓這裡成為頭前溪中上游各街庄的學術文化中心，後因遭逢洪水天災，地位慢慢由竹東取代。

芎林之名主要因鄉內九芎樹蒼蔚成林故名「九芎林」，但發音如「久窮林」不吉利因此更名「芎林」。芎林一直以來都很客家，目前鄉里內人口約 9 成都是客家鄉親，保留很濃的客家精神，也保留著很完整的客家米食文化。因為灌溉水源來自保護區內的頭前溪

水，且土壤屬於砂頁岩老沖積土，水源清澈土質肥美，稻米品質優良，相傳日治時代曾被進貢日本天皇因此又稱「貢米」。

直到現在，芎林鄉一期稻作都仍維持 300 公頃以上，是北臺灣重要稻米產區，也得過不少稻米獎項。為了推廣客家米食文化，芎林鄉農會約於 20 年前成立「飛鳳傳情米點坊」田媽媽，除了販售多樣米食商品，更不時開課傳授客家米食廚藝，讓文化得以傳承。

田媽媽場地就在芎林農會老米倉內，來此了可見早年農會收購農民稻穀的各種器械與設施外，米倉內也設有整建得相當文青的現代超市，販售著在地小農的新鮮蔬果與客家食材，有很好的桔醬、酸菜、福菜、梅干菜，並有田媽媽們的手作鹹豬肉、豬腳、油蔥酥等商品。

客家媽媽 用歡笑傳承米食文化

新竹芎林飛鳳傳情米點坊是由農會家政班學員組成的田媽媽，目前已傳承 2 代，主要成員包含彭金娘、徐淑惠、林美玲等數位，並有多位資歷深厚的老田媽媽隨時來幫忙。這些田媽媽們都是在地土生土長的客家媽媽或是附近鄉鎮嫁來的芎林媳婦，也有幾位曾是竹科從業人員，團隊臥虎藏龍，她們一起努力，帶著芎林鄉的媽媽們一起研究廚藝與傳承客家米食。

這些田媽媽們幾乎都是純手工製作米點，依不同食物需求，把產自芎林鄉的優質糯米與蓬萊米以不同比例調配，再加以磨製、蒸煮、揉碾，讓客家麻糬與粄粽充滿 Q 彈口感，蘿蔔糕則充滿蘿蔔香與渾厚米香，更重要是讓在地鄉親可以不用自己動手，不管過年、清明、端午或中秋，都能吃到記憶中的節慶滋味。

▲ 農會超市裡附設的田媽媽專櫃

平日最招牌則是鹹豬肉。那是使用芎林在地市場豬肉，由專門配合的商家精選油花分布均勻的三層肉，當天買進廚房後立即以蒜頭、醬油、糖等佐料醃漬，然後進入冰箱冷藏 72 小時，期間每隔幾個小時就要翻面讓其入味。

最特別是，這鹹豬肉厚薄剛好，用 200℃烤 20 分鐘，很輕易就能烤到外焦脆內嫩，不會過厚導致外焦黑內不熟，或搭配洋蔥快炒也非常好吃。更特別是半斤售價 200 元，是非常平實的價格。每週二到五幾乎每天都有新鮮成品可購買，其他日子也有新鮮冷凍的可現買或宅配。

油蔥酥也是鳳傳情米點坊田媽媽必買，全部都是用一次油新鮮酥炸，加到湯麵裡頭，整碗湯都香氣四溢。另外芋圓也是熱賣商品，單純的芋頭加上澱粉製作而成，煮成甜湯充滿 Q 彈。

招牌客家鹹豬肉與紅豆大福 ▶

新竹芎林似乎偏遠，實際上距離新竹高鐵站只要 12 分鐘車程，距離高速公路交流道也不遠，交通便利，非常適合需要客家食材者前來農會超市採購。田媽媽的商品也在超市中設有專櫃，選購很方便，更推薦可加入田媽媽食育士學堂 Line 群組，或透過「農遊超市」網站，預約稻米食農教育或客家米食教學課程。

必買 油蔥酥、草仔粿、端午粽、紅粄、蘿蔔糕
必吃 客家鹹豬肉、紅燒豬腳、手工芋圓

飛鳳傳情米點坊
新竹縣芎林鄉文山路 626 號
03-5923873

我們冰箱從不冰魚

八五山泉養殖場

涼拌鱘龍魚
清涼開胃～

八五山泉之得名，意指它位於新竹尖石「八五山」附近，
且海拔恰好在 850 公尺上下，氣候冷涼又有清澈潔淨山
泉，讓這裡十分適合度假過生活，更適合養殖鱒魚、香魚、鱘
龍魚等嬌貴魚種，田媽媽主人張又曾與王玉香夫妻在此養魚約 20 年，
鱘龍魚與鱒魚料理極有口碑。

八五山泉位於尖石鳥嘴部落，地點相當深山，但拜現今交通便利之賜，只要從國道三號
竹東一帶下交流道，循著縣道 120 公路前進，穿過橫山、越過內灣，從高速公路交流道
起算大約 50 分鐘後就能抵達，公路沿途充滿溪流與森林美景

這裡原址是一大片的梯田，多年下來，
兩夫妻將其打造得宛如山區祕境花
園，遠方的竹林、樹木、藍天、白雲，
還有庭園裡的花草、半露天用餐區與
無盡悠閒。張又曾說：「我們的冰箱
從不冰魚」，因為每一口都是點餐後
才從魚池現撈上岸的鱘龍魚與鱒魚鮮
滋味，蔬菜也都是自種或當地小農供
應，有著美景與在地山泉灌溉的香甜。

新竹尖石 充滿霧氣的綠色之地

大霸尖山、司馬庫斯、鎮西堡、霞喀羅古道、秀巒溫泉，這些大家熟悉的地名，都在尖石。
尖石是新竹最大的鄉鎮，也是潔淨優美山區，八五山泉就位在這充滿綠意的山林之間。
此處原本是梯田，也曾種桃種李又廢耕成荒地，20 年前張又曾與王玉香兩夫妻來到此地
後，搭起帳棚，一磚一瓦，一草一木都自己慢慢動手，把這裡打造成優美的庭園，並開
始養鱒魚、香魚與鱘龍魚。

鱘龍魚早在數十年前開始就曾數度引進臺灣，但養殖難度高且早年技術不佳，每次都以
失敗收場，直到民國 90 年水試所再度引進史氏鱘育成 5 寸苗，之後配給業者養殖成功
後這才重新燃起大家信心並逐漸掌握技術，即便如此，臺灣養殖鱘龍魚業者依舊不多，
因為至少要 3 年才成魚，難度與成本都偏高。

鱘龍魚是恐龍時代孑遺的古生物，在地球存活已超過 1 億 4 千多萬年，它屬於骨包肉型態，渾身骨板沒有魚刺，非常適合老人與小孩，本草綱目也曾介紹鱘龍魚養生價值，而歐美人熱愛的魚子醬也就出自鱘龍魚。八五山泉的鱘龍魚是以尖石在地山泉活水養殖而成，毫無土味，只有滿滿的魚肉鮮甜與膠質。

無法退休的人生

張又曾與王玉香夫妻原在新豐火車站附近經營肉乾、貢丸食品行，因為經營得當，40 多歲就交棒下一代，開始過起遊山玩水的退休生活。原以為接下來人生會天天開心，結果短短 3 年就無聊到快要憂鬱症。果然，人生只玩樂不工作，沒有目標與重心，真的快樂不長久。此後兩人才到尖石開闢荒地，全新規劃田園生活目標，每天在山林裡累得滿身汗髒兮兮，卻意外被重機車隊發現以為是孤苦老人，不停號召車友來造訪，為服務客人他們只好開始經營民宿與餐廳，結果口味太好，愈來愈忙。雖然現在 70 歲，每天要做菜、養魚、除草，累到不行，不過，他們堅定的說：「沒有要退休喔！」

鱘龍魚饗宴　清蒸、燒烤都美味

八五山泉的鱘龍魚由山泉活水養殖而成，品質相當好，因此在料理上很少過度加工，通常一尾魚分切後，肉塊多的部位燒烤或清蒸，邊邊角角膠質多的部份涼拌，簡簡單單的調味，少油少鹽，完美呈現鱘龍魚本身的鮮滋味。套餐部分還會搭配在地原住民捕獲的溪蝦，或是在地小農種植的高麗菜與各樣蔬菜，服務客人也照顧在地小農。

鱘龍魚與鱒魚都是點餐後現撈，可料理 5 到 6 吃。受歡迎的菜色例如「涼拌鱘龍魚」，它是將鱘龍魚皮與較具膠質的魚尾、魚肚等部位川燙後，用檸檬、花椒等配料調味，再搭配例如洋蔥、蘋果、小黃瓜等當季蔬果，入口後充滿膠質口感與蔬果甘甜，非常消暑開胃。

清蒸與燒烤則是最能呈現鱘龍魚原味的料理方式，簡單的火力控制，讓鱘龍魚肉達到最好的熟

◀ 簡單調味的烤鱘龍魚，
充滿原食材鮮甜

度，接著只有簡單的鹽巴、青蔥或一點白芝麻調味點綴，入口都是鱘龍魚本身的鮮甜與豐腴肉質。

剁椒虹鱒　香而不辣

田媽媽是在地食材達人，很懂食材生產與挑選精髓，並大多接受過由農委會媒介的學校教授或專業飯店廚師傳授技藝。這道剁椒虹鱒就是王玉香跟新天地主廚吳文智學藝後的精采之作。

作法是從辣椒發酵開始，在盛產季節時挑選品質最好的當季辣椒，透過低溫慢慢發酵，並因應親子與老人等家庭成員需求刻意挑選不辣的辣椒，加上自己養殖的鮮活虹鱒，簡單蒸煮之後，既有鱒魚原食材的魚肉鮮甜，又有泡椒發酵後的香醇，不敢吃辣的放心吃，愛吃辣的通常也不失望，那香氣已讓人全然滿足。

八五山泉剁椒魚，看似鮮紅其實不辣，充滿泡辣發酵香氣，老人小孩都能吃 ▶

八五山泉位於新竹尖石山區，只單純來吃頓鱘龍魚大餐很 OK，但若想更深入感受尖石山區之美，也可選擇住下來，兩天一夜更悠閒。這裡春天百花盛開、夏季清涼消暑、秋天森林多彩、冬季不怕冷的話另是一番不同景致，並可結合周邊秀巒溫泉、霞喀羅古道等景點。鱘龍魚與鱒魚都是點餐後現撈，可料理 5 到 6 吃，適合 6 到 10 人，客單價約每人 800 元。

必吃 涼拌鱘龍魚、剁椒虹鱒

八五山泉養殖場
新竹縣尖石鄉新樂村 8 號 36 之 2 號
03-5842560

龍門口餐廳

龍門口田媽媽

婆菜婆菜
是什麼？

從 124 縣道經過獅頭山牌樓不遠處的上坡左側，「龍門口餐廳」是已經 20 歲的第一代田媽媽；然而，另一塊還寫著「龍門口活魚餐廳」字樣的舊招牌，則顯示出另一則訊息：這間餐廳其實在民國 77 年就開始營業，店齡早超過 30 個年頭！

專賣石門活魚起家，爾後逐漸以一道道客家風味的料理成為主角，改變餐廳的定位，也為這家餐廳累積了口碑好評，在遠離熱門觀光景點的南庄街區外，至今依舊穩定經營，說明了龍門口餐廳的實力。

當年勇於在夫婿家鄉白手起家的林宴如女士，說起話來中氣十足，看著忙進忙出也有點年紀的夥伴們說，「我們從餐廳開幕到現在，都是同一個班底，有著比親姊妹更親密的感情」。仍顯偏遠的山區，一間養活自家人與村裡鄰居的餐廳，它的動人滋味，絕對不遜於菜單上的佳餚。

寂寥礦村開起活力餐廳

臺 3 省道前往南庄的 124 乙縣道開闢之前，中港溪右岸的 124 縣道為主要道路，日據時期為了連通頭份至南庄，在今日田美村與獅山村之間的麒麟山龍脈之地，開鑿了「龍門口隧道」，而隧道北口的村莊聚落也就被稱為「龍門口」。

知名的佛教勝地獅頭山登山口或車道都在「龍門口」，臺灣好行公車固定車班往返。牌樓至隧道口這段短短的街道周遭，是個因為煤礦發展出來的小聚落，最熱鬧的時期大概在民國 50 年代，基隆嚴家台陽礦業在此有座規模不小的田美煤礦，此外還有龍山煤礦、獅頭山煤礦等，據耆老回憶，龍門口隧道北端的這個聚落，礦工集聚、夜夜笙歌。好景不常，煤礦一個個收坑，而今街道巷弄靜靜地用歲月痕跡，散發著特有況味，有心的人自會發現。

礦業沒落後，這裡再度成為「落後的山村」，娘家在桃園龍潭地區的林宴如卻進來購地開餐廳，回想起背著孩子下廚房、深夜還得清理餐

一輩子的夥伴好姐妹

熱心公益的這群姐妹，在農會家政班時加入田媽媽系統，從而觀摩學習開拓了更寬廣的烹飪視野，每個人負責自己拿手的菜之外，彼此間也不斷動腦筋，從傳統客家菜中開發新菜色，至今，她們仍維持著種菜耕作的習慣，社區活動中心每個月的「老人共餐」也由她們負責，林宴如女士說：「我們很喜歡這樣的生活模式，彼此照顧、打氣，很快樂！」。

廳環境的艱辛歲月，突然哽咽地說不出話來。她憑著在娘家經營石門活魚餐廳的經驗，帶著幾位在地婦女一起打拼，兢兢業業地從無到有，成為南庄代表性餐廳之一；林宴如與她的夥伴們還積極參與獅山村的各項事務，南庄鄉辦路跑等活動，也都熱心參與贊助。

土生金桔葉入菜 花生豆腐南瓜飯迷人

山村婦女把日常生活中的菜餚，穩定其製作品質、習得擺盤美化的技巧，客家小炒、薑絲炒大腸、鳳梨炒木耳、炆筍，都能成為餐廳常賣菜色，非常家常的「婆菜」也能以「炸三色」或「炸雙色」的形態登上菜單。

所謂的「婆菜」，有點像日式天婦羅中的炸蔬菜；「婆」（音似『剖』）在客家發音中是「炸」的意思，早年只有地瓜可吃的困苦年代，為了宴客好看，把蕃薯刨絲裹粉油炸成金黃色增加餐桌上的菜色，也可拿來敬神祭祖。延伸運用諸如地

瓜、芋頭、芹菜葉、九層塔、香菇、南瓜、胡蘿蔔都可使用，龍門口餐廳的「炸三色」是用芋頭、香菇、南瓜，麵糊用麵粉加蛋以比例調配，炸過之後不會很硬，入口的感覺柔順，擺到涼也不容易變軟。

花生豆腐也是店內人氣商品，口感柔軟 Q 彈帶點淡淡的化生香氣，製作過程全採手工，先把花生浸泡去皮，再把花生像磨豆漿般磨成液態，過濾、去渣，加入在來米凝固定型。龍門口餐廳特將九層塔、蔥、香菇末、肉末、醬油炒香成為淋醬，單純用醬油膏，甚至什麼都不加，這款花生豆腐都非常美味。

▲ 帶有淡淡花生香氣的人氣花生豆腐

林宴如拿出兩把金桔葉枝條，「帶刺的這種葉子有香味，另一種沒刺的是宜蘭金棗的，它的葉子沒有香味」，她用這種金桔葉燉粉腸排骨湯，意外地受到顧客歡迎，且曾獲得田媽媽「藝猶味勁獎」。泡軟的糯米混合蓬萊米，拌入炒香的南瓜，放入適量的水一起煮滾後，每隔 5 分鐘就得翻炒一次，讓兩者交互融合後，再轉小火悶煮，全程約需兩小時，這道南瓜飯在耐心細心的照料下，才能香噴噴呈現。

龍門口餐廳位於獅頭山牌樓往上約莫 100 公尺左側，旁邊是獅山社區發展協會第二活動中心，餐廳前廣場停車方便，鄰近獅頭山步道，獅山老街可以一併踏走，餐廳也提供多種素食。營業時間一般從上午 10 點到晚上 7 點，餐點採電話預約，也可用 Line 訂位：@fwj7940p。

必吃　炸三色、花生豆腐、金桔葉燉粉腸排骨湯、南瓜飯

南庄龍門口餐廳

苗栗縣南庄鄉獅山村 15 鄰 165 號
037-822829

大安區農會
飛天豬主題餐館

新鮮好吃
超級飛天豬

一直以來，提到美食與豬肉，多數攤商與廚師都會強調：「我們只用當天現宰的溫體豬」，彷彿「溫體豬」就是美味與堅持的代名詞。事實上研究發現，溫體豬肉未經冷藏冷凍確實不會有冰晶點產生，因此吃起來柔嫩多汁保有水分，但重點在於常溫下的豬肉非常容易衍生細菌與腐敗，特別一頭豬從電宰、分切、運輸到市場攤位，這長達 3、4 小時的過程多數在室溫下進行，當夏季高溫時，不只品質走味，生菌數也非常驚人。道理很簡單，就像一杯冰涼珍珠奶茶，在夏季高溫下放了 3、4 個小時後，真的還能保有衛生與原來滋味嗎？

隨著近年極速冷凍技術不停提昇，溫體豬如果能在低溫冷鏈情況下進行屠宰，分切之後立即進入零下 45℃的超低溫極速冷凍庫內，之後再輔以正確解凍法，不但肉質可以跟溫體豬一樣柔嫩多汁保有水份，更重要是不會有細菌滋生問題。臺中大安區農會的飛天豬，就是這個作法。

飛天豬主題餐館就位於臺中大安肉品交易市場內，原本是市場餐飲福利社，專門供應便當給市場員工及載運豬牛的運輸車司機。民國 107 年大安區農會收回後，重新整建成為充滿粉紅印象的優雅空間，也一樣供應便當，但同時也讓此處成為民眾認識飛天豬、品嚐優質飛天豬肉的田媽媽宴客餐廳。

全程冷鏈與產銷履歷的豬肉

臺中大安區農會的飛天豬，主要使用在地青農以酵素養出的臺灣豬，或在大安肉品交易市場中拍賣的優質豬。每日拍賣得標之後，經過獸醫檢疫與電宰等流程，就會送進位於肉品交易市場內的加工室進行分切處理，整個路程不超過 100 公尺，全程冷鏈控制在 14℃以下，完全一貫化作業。

大安農會的肉品加工室是通過行政院衛生署 HACCP 認證的單位，會確保進入加工室的每頭豬都沒有藥物殘留，且堅持四「不」原則，不添加防腐劑、澱粉、色素，且不使用人工腸衣等，每頭飛天豬都是產銷履歷，並給予小名 ANNO 安諾，意指安心的承諾，工作人員進出期間也都有嚴格管制與消毒措施。

嚴格的消毒流程與管控，且 ▶
全程冷鏈控制在 14℃以下

當天現宰溫體豬進入加工室後，作業員工會先將其預冷到中心溫度 5℃以下，讓細菌無法繁殖，接下來依照梅花肉、里肌肉、豬腳、後腿、五花等部位進行分切，也同時加工成為肉鬆、葡萄酒香腸、黑胡椒香腸、芋頭香腸、烤肉片、火鍋肉片等商品，並隨即送入零下 45℃極速冷凍庫，確保新鮮與滋味。

在大安農會田媽媽飛天豬主題餐館，就能品嚐到這所有豬的部位，可以訂便當，也可以預訂宴客辦桌菜，享用最新鮮的豬肉。

在地媽媽 歡樂廚房

飛天豬主題餐館是由農會家政班學員組成的田媽媽，目前主要由在地年輕田媽媽王思涵擔任店長，並由農會總幹事、主任跟輔導員陳孟君等人共同協助，除了創造在地婦女就業機會，也打響飛天豬品牌。陳孟君說，大安是「風頭水尾」的海濱窮鄉，每年秋冬都要頂著狂烈東北季風，那海風總是大到人站不穩，卻又位於灌溉水源的尾端，除了芋頭、青蔥等作物外，其他蔬菜很難耕種，近年又有火力電廠空污問題。以前許多人不知大安，但近年只要在外講到大安，不少人就會冒出「飛天豬」三個字，這是大安區農會堅持優質食材帶來的家鄉榮耀，也是田媽媽的榮耀。

無腥無臭飛天豬　料理包超方便

飛天豬主題餐館目前以中午便當供應給貨車司機為主，但也供應飛天豬饗宴宴席，需先預訂，主要都是農會自產的豬肉產品，並在田媽媽巧手下擁有很好的滋味。

相當受歡迎的「酸菜白肉鍋」，用的來自臺南官田任記東北酸白菜坊田媽媽的天然發酵酸白菜，沒有添加任何色素與防腐劑，天然古法酸白菜慢慢熟成，接著搭配農會自己分切的飛天豬五花肉，加上農會自行加工的貢丸，湯頭在熬燉下會愈來愈散發滋味，非常鮮美甘淳。

滷肉飯，是用手切的豬肉，加上田媽媽用醬油巧手熬製的滷肉，熱熱淋到在地農夫種植的「安泉米」白飯上，很滿足的滋味。培根捲青蔥，是用飛天豬培根加上大安在地自產青蔥，因為當地沙質壤土與氣候適合粉蔥栽種，搭配培根捲在一起味道很濃郁。

當地土質與氣候跟大甲相似，因此芋頭品質非常好，加入香腸後做成「芋頭香腸」，滋味很特別。另外，鹹豬肉、五花肉掛包，也都很受歡迎。

▲ 搭配安泉米的飛天豬滷肉飯

飛天豬主題餐館位於大安肉品市場內，一旁就是豬隻拍賣場，進入時需先向警衛打招呼並消毒。想要品嚐宴席菜色需先預訂。餐廳內設有簡易商品區，如想選購更多樣，可前往附近的大安農會農民直銷站的「飛天豬生活館」選購，或網路訂購宅配。

必買　芋頭香腸、貢丸
必吃　杏福元蹄寶、花開富貴腸相守、酸甜知味鍋

飛天豬主題餐館
臺中市大安區大安港路 541 號
04-26710131

冬　臺中東勢　有健康概念的客家菜 水果餐季節限定

品佳客家田園料理

水梨入菜～
清爽新滋味～

　　來到臺中東勢最大印象就是廣大的果園，彷彿被果樹環繞，尤其東勢可說是高接梨的故鄉，夏季盛產水梨，清脆可口，不過水梨不僅是作為水果享用，在東勢的品佳客家田園料理餐廳，還將水梨運用入菜，水梨餐只在夏天限定。

　　主廚張昌業是品佳第二代，傳承第一代田媽媽葉碧霞的廚藝，加上創意改良，發揮東勢水果之鄉的強項，除了夏季水梨餐之外，秋天甜柿上市即推出柿子餐，讓客人嚐鮮也吃美味。

一般認知的客家菜重油重鹹好下飯，但品佳的傳統客家料理強調健康養生，一家人經營餐廳有 40 年經驗，好手藝加上不斷自我提升，做出好口碑。客家婦女擅長的醃漬品，如嫩薑、醃梅、良京等皆是手工製作；在地古早味豬肉漬、石碟漬，市面上少見，別有滋味。

三代同堂 認真打拼

田媽媽葉碧霞於民國 70 年創業，起先在豐原客運東勢站附近賣簡單麵食與小菜，隔年正式以「品佳」為名，做起了快炒與客家菜，秉持著「客人愛吃什麼，我就做什麼」的服務理念，增加炒米粉、梅干扣肉與麻油玉米雞酒等料理，菜色愈來愈豐富。

民國 83 年，大兒子張昌業加入經營行列之後，將菜單做了一番調整，把受歡迎的菜色留下，例如麻油玉米雞酒是媽媽娘家的食譜，過去的婦女坐月子必吃，一推出就成為招牌料理，一定要留下來繼續供應。

民國 93 年成為農委會田媽媽之後，張昌業開發創意新菜，使用在地食材，並且將東勢當季水果入菜，做出自家特色。民國 96 年遷到現址擴大經營，常有遊覽車整團來用餐，客人多了，外場接待就交由第三代張容瑄擔任，祖孫三代共同打拚事業。

說起創業的辛勞，過去每天親自上市場採買的葉碧霞，強調「食材一定要用好的」、「不要買次等的菜」、「要認真才會成功」，即使是醬油膏，也堅持數十年一直使用的老牌子，一換味道就不對，難怪老客人不斷回流，往谷關的登山客、在地人宴客都會想到品佳這塊老招牌。

阿嬤總監

40 多年前，葉碧霞為了賺孩子學費，在客運站附近賣麵食與下酒菜，隨著客人愈來愈多，菜色也更多樣。她笑說，當初原只想拼個 10 年，供孩子們讀個學歷就好，沒想到孩子很爭氣，有的還讀到出國，她繼續賺錢，也逐漸擴大經營，忙到 6 年前才完全退休交棒給下一代。現在擔任「總監」，熟客一來都指名找「阿嬤」聊天，招呼客人依舊不亦樂乎。

▲ 品佳客家田園料理第一代葉碧霞

不斷創新改進 滿足客人味蕾

葉碧霞是客家婦女，原本廚藝就有兩下子，為了提升餐廳品質，還經常在外取經學習，只要吃到滿意的美食，就思考如何改良在自家推出，餐廳裡長年的招牌料理「黑豆豬腳」就是這樣來的，除了照舊使用黑豆和米酒，還改良加入枸杞、紅棗等中藥材，吃起來美味又養生。

「客人的要求」也是品佳提升的動力。店裡使用大甲溪野生石斑魚，但客人不喜歡吃到有刺的魚，張昌業便先紅燒 6 小時，時間必須拿捏好，處理不夠久還會有刺，過久又太糊，之後再清蒸 40 分鐘，費工費時做出招牌料理「軟骨石斑」。

◀ 溪釣野生軟骨石斑

東勢是水果之鄉，張昌業運用當季水果研發新菜色，夏天盛產高接梨，就做水梨什錦、水梨燉雞、水梨蝦鬆與甜湯等。秋柿成熟時，就改做甜柿蝦鬆、蝦球、柿餅雞湯等。

豆腐，來自張昌業的爸爸本家，原來張家在東勢做豆腐多年，現在由叔叔經營。餐廳裡客家小炒的豆乾、客家擴肉的油豆腐，都由叔叔的老店供應。餐廳裡的醃漬品是一大特色，嫩薑、醃梅與良京都是在盛產時手工製作，例如又稱蕗蕎的良京，在端午時節才生產，只取中間最嫩的部位，處理過程很費工。此外還有桔醬與豆腐乳，都可在餐廳品嚐或購買。

特別的是，現在很少有人製作、不容易在市面上買到的豬肉漬（給），做法是將生豬肉醃一日，洗後陰乾放一晚，隔天切小塊，加入紅麴與黑豆攪拌，再放入罐中醃漬，冬天放 4 個月，夏天只要 2 個月。許多東勢遊子回鄉時，都會來餐廳指定這一味。另外還有石碟漬（給），使用大甲溪的野生石碟，也是在地傳統的下飯聖品。

做工費時的豬肉漬 ▶

食農小學堂　客家人保存食材的醃漬方法早已成為製作風味食物的重要方式，尤其是生活於山區的客家人，發展出了與原住民不同的醃肉方式，在東勢客家稱為醢（大埔音：gie∨），平埔族也稱為「給」。醃生肉是利用豆麴或紅麴的乳酸菌，透過發酵熟成方式，將肉類、魚類的蛋白質轉變為胺基酸，讓生肉成為耐貯存的美食，更是當時山區生活重要的蛋白質來源。

水果餐需預約，依照季節不同，有不同水果主題，夏天為水梨餐，秋天柿子餐。手作醃漬包括嫩薑、醃梅、桔醬、豆腐乳都是人氣伴手禮。

必買　嫩薑、醃梅、桔醬、豆腐乳
必吃　麻油玉米雞酒、軟骨石斑、豬肉漬

品佳客家田園料理
臺中市東勢區東蘭路 34-7 號
04-25870502

珍珠竹筍包 神農獎的國宴滋味

欣燦客家小食官

像花一樣的
精緻米食

說到臺中潭子，很容易聯想到加工區，其實潭子本身農產很多，每年 3 至 9 月，是麻竹筍與綠竹筍的產季，也是「欣燦客家小館」的田媽媽羅美蘭忙著以鮮筍入菜的季節。

羅美蘭出生於苗栗大湖客家庄，自小跟著外婆學客家米食，能做一桌傳統客家菜，又能發揮創意，加入潭子在地食材，做出結合傳統及創新的菜色。欣燦最具代表性的創意菜為珍珠竹筍包，以透明外皮包住麻竹筍內餡，這創意讓羅美蘭於民國 90 年獲神農獎，還成為國宴料理的一道菜，甚至成為潭子的代表滋味。

店裡也有傳統古早味，客家水粄是外婆傳授的做法，桔醬排骨、芋頭米粉等皆是招牌菜。

生活逼上餐飲路 靠努力成傑出婦女

羅美蘭是苗栗大湖客家人，廚藝傳承自外婆。她回憶，外婆對基本功要求嚴格，要她從洗米開始學起，當時她年紀小，洗得很不開心，如今回想起來，跟外婆學到的不僅是菜頭粿等各種米食，而且每個步驟都不能馬虎，「要細心，這是外婆教會我最重要的事。」

雖然廚藝很好，但她過去擔任國小代課老師，一直沒有發揮所長，直到先生事業上遇到瓶頸，為了還債同時照顧生病的婆婆，她白天在中醫診所打工，下午到潭子加工區上班到凌晨 12 點。還抽空做肉粽、碗粿等米食，利用 20 分鐘休息時間，騎車到加工區擺賣，一天只睡兩小時。

也就是那段努力賺錢的日子，讓羅美蘭發現自己的廚藝受肯定，而且賣吃的比較好賺，她決心要往這條路走，而且想做出別人所沒有的美食。

她發現市面上的竹筍包都是麵皮，於是動腦筋使用潭子在地的麻竹筍，再以蓬萊米和西谷米做出透明外皮，又因為西谷米如珍珠，取名好聽的「珍珠竹筍包」，民國 90

成為國宴料理的珍珠竹筍包 ▶

年成為田媽媽，專賣珍珠竹筍包，大受好評，10年後還清了債務。民國95年開設欣燦客家小館，現在一家人合作，羅美蘭做料理，先生負責採買，女兒與孫姪也一起加入外場與廚房。

珍珠竹筍包 進國宴成潭子代表味

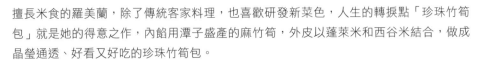

擅長米食的羅美蘭，除了傳統客家料理，也喜歡研發新菜色，人生的轉捩點「珍珠竹筍包」就是她的得意之作，內餡用潭子盛產的麻竹筍，外皮以蓬萊米和西谷米結合，做成晶瑩通透、好看又好吃的珍珠竹筍包。

剛開始研發時，羅美蘭沒信心，她靈機一動帶去給附近的小學生免費試吃，聽完小孩的坦白反應後回家再改良，就這樣持續一年，直到有個小孩吃過後大呼「我要叫媽媽來買！」這時候，她知道這一味成功了。珍珠竹筍包讓羅美蘭於民國90年獲得神農獎，同年以傑出婦女身份獲總統召見，珍珠竹筍包還成為國宴料理的一道菜，甚至成為代表潭子的滋味。

自己種菜做桔醬 入口都是客家古早味

客家水粄是外婆傳授的古早味，羅美蘭只改良了外型，依循傳統做法，用在地生產的米磨成米漿蒸熟，加上清水韭菜、麻竹筍丁與絞肉，淋上特調醬汁，吃起來像米布丁，口感滑嫩，而好吃的秘訣不外乎外婆所教的心法「細心」。

▲ 麻竹筍元蹄以潭子盛產的筍入菜（左）
　客家傳統水粄入口滑嫩（右）

羅美蘭善用潭子盛產的筍加入許多料理，像是麻竹筍元蹄，非筍產季時就使用筍乾；綠竹筍香菇雞則一定用鮮筍，是產季限定料理。她還把握空檔自己種菜用於許多菜色，包括炒時蔬的龍鬚菜、芋頭米粉湯使用的芋頭，就連當作香菜佐料所用的韭菜、芹菜，也不假他人之手。

桔醬排骨使用的桔醬，也是羅美蘭自製，在 11 月酸桔產季時製作桔醬，製作過程需細心去籽，才能使滋味酸甜不帶苦，適合搭配油炸排骨。

酸甜的桔醬排骨 ▶

 食農小學堂　常見竹筍的挑選秘訣，綠竹筍、烏殼綠要「挑彎曲」，身材彎、矮、肥、短的最好，味道甜美；麻竹筍、桂竹筍這兩種則要選「直立的」，但無論是哪一類品種，筍殼包覆完整，觀察筍底切口呈自然白色、無病斑，並且盡量避免乾裂或纖維摸起來過粗者為佳。最重要的是必須挑選筍子尖端還沒有變成綠色，也就是所謂的「出青」，因為挖筍都是在清晨，筍子還沒探頭的時候，而出青的筍子表示已開始露土，準備長成竹子，因此會產生草酸，吃起來會帶有苦味，即使用刀削去出青部位再烹調，也很難去除。

在欣燦可品嚐各式傳統客家料理，以及田媽媽研發的創意菜色。招牌點心為珍珠竹筍包、客家米糕、芋粿等，需先預訂。營業時間為 11:00-14:00、17:00-20:30，週一公休。

必買 客家米糕、芋粿
必吃 珍珠竹筍包、客家水粄、麻竹筍元蹄

欣燦客家小館
臺中市潭子區興華一路 219 號
04-25345178

竹筍起家的創意金牌料理

古道廚娘

精緻功夫菜
時尚滿點～

不用上到奮起湖，全臺灣的人幾乎都知道奮起湖便當，但，若到了奮起湖只吃便當，卻錯過車站上方不遠處的「田媽媽古道廚娘」，那真的是……可惜啊！

目前採預約制，無菜單料理的「古道廚娘」，光是竹子的料理就能燒出超過45道菜！非常熱衷於料理的「廚娘」陳素抹女士，不僅嫻熟地將山區家戶慣用的竹筍做出各種變化，舉凡在地生產的佛手瓜、龍鬚菜、芥蘭菜、茶葉、豆腐、山葵，都能在她的創意與巧手中，變幻呈現出保有傳統古早味，且不減時尚感的精緻佳餚。

能將「家常菜」提升為品項豐富的餐廳料理，得力於30幾年來不懈的努力學習與經驗磨練，看著她做菜、聽她談菜，尤其能深刻地感覺到，陳素抹的精湛手藝能時時創新，其實更源自於對料理的熱情，讓顧客嚐到的是一種淳厚的飽滿。

堅毅勤學　新手變身料理常勝軍

住家與餐廳就在「糕仔崁古道」入口旁的陳素抹，從梅山嫁過來時，也是跟著先生在這片山嶺「做山」，「我公公當村長，經常會有很多客人來家裡，我不太會煮，都一直哭，還好有先生的叔叔幫忙解圍」，陳素抹回憶對廚藝仍生疏的新嫁娘時期。

憑著「不甘如此」的強韌性格，陳素抹抓住機會挑戰自己，先在奮起湖天主堂接下活動中心團膳的工作，多年後自己開餐廳，民國92年加入「田媽媽」；擔任阿里山國家風景區解說員期間，當時的處長也給陳素抹學習料理的機會與鼓勵，這位本來不太會做菜的新媳婦，因為懂得在地食材，且勤於動腦研發菜色，出外比賽從佳作一直到得了好幾個金牌獎，成了名符其實的廚娘。

「我曾想説這裡那麼偏遠，環境也很普通，會有客人嗎？」「指導老師説我很努力、進步很多，『酒香不怕巷子深』」，陳素抹説，雖然曾遭遇很大的挫折，但受到那麼多人的協助與肯定，「我就努力做，用料實在，成本高一點沒關係，一定要讓客人吃得滿意」。

挑戰自我　心懷感恩

民國 76 年，奮起湖天主堂為了慶祝堂慶，準備席開 10 桌宴請教友，神父希望能找一位能煮家常菜而非辦桌菜的廚師，陳素抹經過幼稚園友人介紹大膽地接下挑戰，請先生載她下山買了本食譜，從此開啟了至今將近 40 年的料理人生。那次的筵席深受好評，天主堂蓋起楊生活動中心後，陳素抹就被邀請擔任常駐的廚師，一待 16 年，「我會煮那麼多菜，真的非常感謝德國籍的萬廉神父」，「而且，廚房料理台都是依照我的身材訂做，現在回想起來都還好感動」。

竹筍茶葉佛手瓜 無一不入菜

「茶香茗排」是陳素抹獲得金牌獎的知名料理之一，她選用在地黑毛豬的肋排，先以茶湯浸泡超過半天去除腥味，汆燙後稍微煎香去油，爾後用冰糖、麥芽糖、醬油等自創的搭配佐料熬煮，細膩的做工、精準的火侯，配上也是得獎的「茶鬆」，軟硬適中的肉質，飽滿地吸收了醬汁的濃郁，還散發著淡淡的茶香，想要品嚐費工的佳餚，務必提前指定預約。

剛於民國 110 年「田媽媽記憶中的那這一味」競賽，獲得「忠於傳統獎」的「芥蘭獅子頭」是承自陳素抹娘家的料理。黃花芥蘭是山上人家很常使用的食材，盛產期採收後燙熟曬乾可以長期保存，隨時取用。八八風災後的蕭條時期沒什麼遊客，「一位老客人來，我就把芥蘭菜乾跟絞肉做成丸子」，獨特的鹹香味讓人讚不絕口，媽媽的家常菜就這樣成了招牌菜，「宅配就賣超過 1300 份」。

1960 年代山上的宴客菜「冬筍捲」也是
陳素抹的「手路菜」，「這個可不是外面
的雞捲喔」，內含冬筍、香菇、旗魚魚
漿、黑豬肉與私房秘方，每一項材料都費
心，連捲皮都是自己手工做的。「這裡海
拔 1450 公尺，種出來的佛手瓜特別嫩」，
陳素抹將新鮮的佛手瓜撒鹽醃製約 6 小時
後，洗去鹽份、滾水快速沙青，加入梅子
乾、枸杞、醋、冰糖，成為口感爽脆的「佛
手瓜泡菜」，是餐廳的人氣商品。

阿里山的愛玉出名，但有吃過「鹹愛玉」
嗎？滋味清爽絕美的山葵豆腐，「他們說
要拿這道菜去評選，我說可以換一道嗎？
這個太簡單了！」，所以囉，當陳素抹應
阿管處要求創作出的「九宮格便當」一推
出，立刻供不應求。

▲ 繽紛的鹹愛玉（上）與爽脆的佛手瓜泡菜（下）

食農小學堂　龍鬚菜和佛手瓜其實是同一種作物！佛手瓜為果實，龍
鬚菜則是佛手瓜的嫩莖部位，佛手瓜是因為外型像
一雙虔誠敬拜的雙手而得名，也有一部分人稱之為隼人瓜。在早期，
佛手瓜曾是嘉義奮起湖一帶最重要的經濟命脈，常可以看見阿里山小
火車載滿了佛手瓜轉運到臺灣各地，甚至外銷說，曾有一說「一箱
百公斤佛手瓜可換 1 錢黃金」可見當時佛手瓜是多麼珍貴。

餐廳的位置就在奮起湖車站上方，若開車上山，走路不到 2 分鐘就有停車場，也是
踏走步道、古道經過的地方。目前採電話預約，可以先告知用餐人數，詢問菜色。

（必買）佛手瓜泡菜、阿里山茶、咖啡
（必吃）茶香茗排、冬筍捲、佛手瓜泡菜

奮起湖古道廚娘
嘉義縣竹崎鄉中和村奮起湖 165-2 號
05-2561645

仙湖農場

垂涎三尺的
桂圓燒虎掌

都說揀來揀去揀到一個賣龍眼的，賣龍眼的看起來就是擇偶最差選擇。但誰也想不到這
個賣龍眼的大本營仙湖農場，現在居然變成一個 IG 網紅聖地，天天都有美女自動送上
門。它不只是臺灣傳統農場轉型成為吸引年輕族群的成功範例，更重要是，它沒有因為
休閒而忘記農業根本，直到現在，仙湖兩代父子與兩代婆媳，除了招呼客人，更會一起
採龍眼、焙龍眼、烘咖啡、種柳丁，很認真的守著農業根本。

仙湖農場位於臺南東山鄉的獨立山頭，因為冬季清晨經常雲霧繚繞宛如置身

濃霧湖水間，得名仙湖。東山是嘉
南平原與山區交會之處，清朝移民
年間，搶不到平原耕地的羅漢腳仔，
於是一步步走進山區營生，卻在這
裡發現大片野生龍眼林，於是他們
爬上了樹、整理了平台、蓋了房子、
建起了焙灶寮，開始在這裡用古法
燻製龍眼乾。

▲ 仙湖農場有非常優美的山景

柴焙龍眼 6 天 5 夜的甜蜜轉換

一直以來，龍眼乾都被當成廟裡拜拜，或是煮米糕、熬甜湯的常用家庭食材，但同時也
被視為廉價且登不上大雅之堂的傳統食材。任誰也沒想到，這些年，龍眼乾與荔枝乾卻
因不停幫臺灣麵包師傅在世界烘焙舞台得獎，成為炙手可熱。

製作龍眼乾主要區分三大方式，第一
是日曬法，將新鮮龍眼直接放到陽光
下曬乾脫水，兩天後包起來讓其回潮
後接著再曬，持續約 15 天左右，成
本最低但時間最長。第二是直接放進
電力乾燥機裡烘乾，大約 2 天就能
完成且產能極高。第三則是最麻煩的
傳統柴焙古法，首先要沿著山坡興建
土窯，窯上有竹篾承載龍眼，底下則
有柴火口與通道，接著點燃修枝下來
的龍眼木。不是直接用明火把龍眼烤
乾，而是透過燃燒的熱力與煙霧，慢
慢耗上 6 天 5 夜把龍眼燻乾。

◀ 烘焙桂圓的柴火香氣已傳承六代

龍眼之所以必須在每年8月天氣最熱的時候點燃柴火，是因為龍眼產期非常集中，且龍眼一定要在欉紅才能採收，採收後在高溫下只能保存兩三天，因此得盡速加工成桂圓才能延長其賞味期，而加工時柴焙煙霧常常燻到龍眼農眼睛泛紅流淚，他們都戲稱自己做的是「最流目油的工作」。但就這樣流淚流了兩百多年後，現在龍眼乾，已經完全不同早年只是甜，而是帶有許多食材知識與文化意涵，是農作物中非常獨特的轉變。

▶ 仙湖農場的所有料理都是二代媳婦阿純和媽媽一起開發

桂圓、咖啡與蜂蜜 三大物產都飄香

仙湖農場三大物產，桂圓、咖啡與蜂蜜。桂圓與蜂蜜是一體兩面，龍眼要能結出果實一定要靠蜜蜂授粉，而蜜蜂要能生存也一定要有花蜜可採，龍眼農與蜂農因此有著非常密切的關係，兩者息息相關。而臺南東山又是臺灣咖啡主要產地之一，從日治時代延續至今，東山175咖啡公路頗有名氣，仙湖農場就位於175公路旁。

到這裡首先要嚐是這道「啡常沙拉」，運用農場自產的阿拉比卡咖啡調製成咖啡醬，接著選用在地野菜與當地食蔬，以最簡單的方式來品嚐這塊土地的風土滋味。夏季，最特別的就是農場野放的野人蔘葉。它是日治時期由日本人從中南美洲原產地引進臺灣試種的作物，有很好的藥用效果與香氣，用來搭配咖啡醬很對味，再加上竹筍、玉米筍等農場地產蔬菜，是一道讓味蕾恢復清爽的簡單料理。

「月桃葉燉子排」則是起源於早年龍眼農夫焙龍眼季節，因為可用食材與香料大多在地取材，其中月桃葉就是非常適合滷燉且容易取得的食材，因此龍眼農很常將其與食材長時間熬燉，讓月桃那帶著淡淡胡椒香氣的獨特氣味進到子排裡。「桂圓燒虎掌」則是帶有豆瓣味與桂圓香，其作法是將豬腳筋燉爛後與豆瓣一起熬煮入味，接著加入桂圓讓其帶有但但柴焙龍眼乾的煙燻味，非常下飯。

蜜蜂班與桂圓班 4 月與 8 月固定舉辦

為了傳遞更好的食農知識，仙湖農場每年會在 4 月舉辦蜜蜂班活動，在 8 月舉辦桂圓班活動，以深入簡出又帶著悠閒與樂趣的方式，帶領遊客認識蜂農與龍眼農的日常，並親

自挖取蜂巢裡的蜂蜜，親自去看焙灶寮龍眼柴火，試吃乾燥到不同階段的龍眼乾，瞭解其風味轉變。活動期間，晚宴會結合仙湖田媽媽餐廳料理，依照春季與夏季不同，以當季物產呈現料理，讓遊客真實感受剛從土地裡冒出來的滋味，見證新鮮蜂蜜與剛出爐桂圓的美好香氣。

▲ 龍眼必須在叢紅採收，一刻都不能偷懶

仙湖農場這些年因網紅打卡而爆紅，每逢假日人潮較多，較難感受旅遊的悠閒。建議盡量選擇非假日前往，如果可以，最好預定住宿房間與田媽媽料理晚餐，在不受打擾的狀況下，感受仙湖與嘉南平原淺山的夕陽、日出、星空與悠閒微風。

必買 柴燒龍眼
必吃 啡常沙拉、月桃葉燉子排、桂圓燒虎掌

仙湖農場
臺南市東山區南勢里大洋 6-2 號
06-6863635

冬

入口即化只留一股香氣的羊肉

王家燻羊肉食坊

大甕悶出的
燻羊肉！

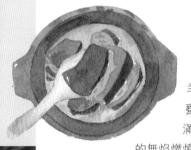

「燻羊肉」是一個完全不同於一般羊肉料理的作法，它是將半隻羊約 20 公斤連皮帶骨，加上 18 瓶米酒與特調中草藥一起放進大甕中，將甕口以泥封住，放進一個小小磚造空間，周圍以稻殼塞滿，最後點燃這些稻殼，在沒有明火、宛如香煙或寺廟香火那類的無焰燃燒狀態下持續燜燒 24 小時，直到所有中藥、米酒與羊肉本身的湯汁，慢慢把羊肉都燜到無比軟爛。入口時，滿滿都是中藥香味與軟嫩的羊肉甘甜。

王家燻羊肉老闆王錦泰說，這燻羊肉作法是早年家中阿嬤在寒流時熬給大家禦寒打牙祭，阿嬤走後這滋味消失了數十年，直到自己 30 歲後重新養了羊，開了羊肉店，慢慢詢問親友並回憶作法，於 20 多年前成功找回這滋味，在老家農地開起了這王家燻羊肉食坊。來到王家，不能錯過那甕燻羊肉，小小一盅，不算便宜，但很夠味且銷路一路長紅，入口都是香醇。同樣不能錯過的滋味還有以大灶慢慢炒製而成的竹筍鹹飯，每一口都是蝦米、魷魚乾、五花肉、香菇與在地竹筍等配料炒出的鹹香滋味。夏天前往，更不要錯過在地出產的涼筍，以及白斬雞、芥蘭羊肉等菜色。王家燻羊肉不只是一家餐廳，餐廳後方都是原本王家祖先留下的農地，目前有些地方規劃成優美公園與步道，並分別種植了竹筍、野菜、果樹等作物，歡迎遊客飯後前往散步或洽詢 DIY 體驗活動。

臺灣羊　強在無腥味夠鮮肥

臺灣羊的特色，就是甜度高、肉味重，但此處的肉味，指的不是大多數人害怕的羶腥味，而是羊肉本身滋味夠渾厚。羊的羶腥味主要來自於羊體本身，還有公羊生殖器產生的荷爾蒙與環境等因素。例如羊的汗腺不在皮膚也不在口鼻，而是在腳底。仔細看可發現羊腳底充滿細緻皮膚與毛細孔，因此如果將羊養在架了高床之地，之後排泄物會直接下到鐵絲網底下，不會接觸到羊腳，就較能確保羊隻健康且無異味。

羊騷味也有一部分是來自於羊肉中的脂肪酸、吲哚、酚類和羰基化合物等等，這些大多可透過飼料、閹割、低溫新鮮運送等作法來免除。或例如早年大家覺得羊奶有怪味，主要是羊乳中含有「葵酸」，如果讓其長時間接觸到空氣就會氧化進

▲ 王家燻羊肉，就是將甕放在這紅磚圈內，以稻穀填滿後，用無明火方式燜燒 24 小時而成

而產生怪味，因此只要確保羊奶是在真空且低溫狀態下儲存，就能有效避免那股怪味。羊肉與羊乳的羶腥味，近年正因飼養技術與理解原理後正在快速改良中。

王家的羊肉除了自己飼養，也會到肉羊拍賣市場挑選活羊，王錦泰表示，挑選準則包含 1、羊肚不可下垂，下垂代表過肥，油花太多不適合燻法料理。2、毛色要金黃漂亮，代表健康。3、牙齒與長相可大致判斷年齡與成熟度。挑羊通常要挑 55 到 60 公斤之間、毛色亮麗、羊肚高高不下垂、年紀 2-3 歲以上最佳。

與羊共舞 60 年

今年 68 歲的王錦泰從 8 歲開始幫阿嬤牧羊，已經與羊共舞 60 年。在剛懂事時，牧羊像玩樂，每天上課前與放學後都帶著羊群到野外吃草。退伍後王錦泰到自來水公司上班當技工，但也同時看管家中羊隻，早年大盤商收購羊隻價格很低，因此 30 歲後辭掉工作，自行到新化市場創業擺攤賣羊肉，由於懂羊，因此販賣的羊肉沒有羶腥味，很快打下基礎，最多時曾自養羊隻 300 多頭。近年因燻羊肉滋味遠近馳名、許多媒體造訪，因此目前只養 100 多頭，但同時跟附近農家契養，也會自己到拍賣市場挑羊。這些年，王錦泰除了養羊、賣羊肉，更積極整理周邊環境，希望以餐廳為中心，創造更豐富多元的休閒農業體驗園區。

帶皮羊腿、五花 不同部位各自美味

一頭羊最好吃的部位在哪裡？王錦泰說，自己最愛羊頭肉。就像豬頭皮一樣，薄薄的皮下就是細嫩分明且帶著膠質的瘦肉，那是他最愛部分。但如果不敢吃羊頭，五花、脖子、

羊腿、里肌，還有羊腳，也都是很好的部位。五花就是三層肉，連皮帶肉帶油花，喜歡有脂肪的就選這部位。脖子感覺就如近年流行的松阪，有著很特殊的紋理與脆度。羊腿運動量大、瘦肉較多，經過 24 小時燻燉後非常容易入口。羊腳則是皮帶筋，入口很 Q，不同部位都有不同口感，但因燻羊肉都是半隻羊一起入甕燉煮，比較難特別配合挑部位，如果真有特別喜好，可以試著提前預訂跟老闆商量。

王家燻羊肉因為是用 18 瓶純米酒加上 20 公斤羊肉熬燉超過 24 小時，雖然酒精幾乎都已在熬燉過程中蒸發，但如果開車，還是要節制別喝太多湯，並盡量預留一點休息時間，多喝些水。除了羊肉，這區域也是臺南重要的麻竹筍產區，還有土雞、野菜，都非常美味，可請老闆推薦，多點一些在地菜。

竹筍鹹飯　滿嘴都香氣

王家燻羊肉在廚房外有興建一個大灶，到現在還是每天以龍眼、荔枝或相思等木頭當燃料燒柴，接著把白米、魷魚乾、五花肉、香菇等多樣配料一起放入灶上的大鍋中手工滿炒，最後出來的這碗「竹筍鹹飯」，每一口都是香氣。看起來或許色彩不太鮮豔，擺盤不算優美，但卻是店內不敗招牌。

▲ 炒竹筍鹹飯的大灶（上）
　多樣配料的鹹香竹筍飯（下）

王家燻羊肉食坊地址在龍崎區，實際上是在龍崎與新化交界處，且生活圈更偏向新化一些，從新化交流道過來不算遠。建議自行開車，並可順遊新化老街、2022 年秋天全新落成的新化果菜市場、虎頭埤等景點。附近不到 15 分鐘車程處就是著名的二寮觀日亭，是臺灣攝影圈中著名的日出三大聖地。

必吃 燻羊肉、竹筍鹹飯、芥蘭羊肉

王家燻羊肉食坊
臺南市龍崎區土崎里烏樹林 34 號
06-5941393

自種青草 當季料理上桌

一佳村養生餐廳

健康養生的
青草入菜！

位於宜蘭冬山河源頭的一佳村養生餐廳，周遭綠意盎然、山林環抱。面積約一甲大的青草園種滿市面罕見的青草與當季蔬菜，一佳村運用這些青草入菜，以好吃又健康的養生料埋聞名。

田媽媽沈淑惠與藍基萬夫婦累積多年的青草知識，開發許多創意養生料理，例如五色酒釀湯圓，分別是使用茯苓的白湯圓、杜仲的黑湯圓、火龍果或紅麴的紅湯圓、山黃梔的黃湯圓、川七的綠湯圓，加入酒釀與枸杞，繽紛的有如彩盤。

此外，自製的醃製品可買做伴手禮，比如鳳梨豆腐乳、越瓜仔脯、百香木瓜、糖醋良京。鳳梨豆腐乳的製作講究節氣，要在農曆 7 月前完成，否則易壞。隨餐附送的青草茶，含五種青草，可買茶包回家泡茶或燉排骨湯。

▲ 赤道櫻草又稱活力菜（上）
　山油麻又稱埃及國王菜（下）

無心插柳 帶動青草風潮

田媽媽沈淑惠過去沒有經營餐廳的經驗，只曾在食品工廠做工。由於大兒子藍新對廚藝有興趣，退伍後到各地餐廳學習，經常早出晚歸，沈淑惠看在眼裡很心疼，便與先生藍基萬商量自己開餐廳，替孩子先鋪路。

起初他們做的是山產料理，後來巧遇一位臺中來的青草專家，指點青草的好處與用法，讓苦無賣點的沈淑惠挖到寶。民國 93 年一佳村開幕，便以青草為經營主題。藍基萬也與幾位志同道合的朋友成立藥用植物學會，持續開發新的可能性。

沈淑惠說，開始時一知半解，慢慢摸索青草的特性，不斷嘗試如何做出美味料理，一番努力得到成果，一佳村帶起青草入菜的養生風潮。如今的

從跑船到跑外場

一佳村的開始,是媽媽為了孩子將來所做的打算;10 多年後的現在,反成了孩子為媽媽健康著想所做的改變。

大兒子藍新經過努力,考上乙級中餐證照,現在能在廚房獨當一面。二兒子藍振中,跑船 9 年,3、4 年前回老家。外型粗獷的他,是個體貼的孩子,媽媽去年生病後,他決心留在陸地,跟家人一起經營餐廳。過慣了遊歷的日子,現在可會不慣?藍振中回答不會,「以前我看全世界,現在是世界看著我們。」目前他做外場接待,並跟著媽媽學料理。

▲ 一桌滿滿的青草養生料理

一佳村以好吃又健康的料理聞名,她笑說,「這完全是個意外。」

當年的青草專家指點魚腥草、車前草、龍葵、山油麻可入菜,其實是老一輩人都知道的吃法,只是逐漸被遺忘。一佳村用青草入菜,等於是把傳統的吃法再找回來。沈淑惠回憶,曾有位久居美國的客人來店裡,吃了一碗龍葵煮的湯,居然就流淚了。這位客人跟她說,這是小時候媽媽經常做給他吃的湯,離家多年已經遺忘,沒想到一喝勾起了兒時回憶。

運用青草知識做養生餐

一佳村最初使用的青草,都是自野地採集。後來沈淑惠與藍基萬自己栽種,先是將龍葵從野地移植回家,接著以撒種方式栽種山油麻。當花蓮農改場推赤道櫻草,也就是活力菜的時候,他們也試種成功。

經過各種嘗試，青草種類愈種愈多，多了鴨兒芹、蛇瓜等等，車前草、魚腥草則是自己在園裡長出。面積約一甲的青草園，就位在一佳村餐廳旁，一年四季提供不同青草，目前餐廳所吃的青草，皆來自這片青草園。

沈淑惠說，種青草其實很簡單，不需要灑農藥，僅需水與肥料，只要是當季的，便很好照顧。也因此一佳村無法有菜單，要看當時園裡有哪些青草，才能決定做什麼料理，如夏天才有山油麻，做成季節限定的「山油麻地瓜」。無菜單，但絕對吃新鮮。

運用多年累積的青草知識，沈淑惠開發許多養生料理。色彩繽紛的「五色酒釀湯圓」，是店裡招牌菜色；受客人喜愛的「樹薯排骨湯」有兩款，分別使用魚腥草或青草茶，兩者作法不同，視當天材料決定做哪款湯。

此外，在一佳村能嚐到市面少見的蛇瓜，這瓜最長 2 公尺，外皮有絨毛，吃法是不削皮，要手洗輕搓掉絨毛，以清炒方式保持脆度。

▲ 養生的魚腥草排骨（上）
　一佳村伴手禮鳳梨豆腐乳（下）

一佳村沒有菜單，沒有固定價位，訂位時請先告知用餐人數，店家會依照當天收成的新鮮青草來配菜，報價後讓客人決定價位，每人約 300 至 400 元。用餐附青草茶免費飲用，也可購買。可導覽青草園，認識各種青草與當季蔬菜，但要看當天忙碌狀況。

必買　鳳梨豆腐乳、越瓜仔脯、百香木瓜、糖醋良京
必吃　五色酒釀湯圓、魚腥草排骨、鹽烤蝦

一佳村養生餐廳
宜蘭縣冬山鄉中山村中城二路 52 巷 15 號
03-9588852

蓮花餐手工豆腐 食材自家有機栽種

心蓮蕊養生餐坊

泥火山豆腐
口感獨特～

臺 9 省道往南過了富里鄉農會，左轉拐入羅山村之前，一幢原本低矮的鐵皮屋變身為鄉村料理餐廳，從沒有觀光景點加持、只見過路匆匆的年代開始，在可謂偏僻的地點展開營運，至今（民國 111 年）「竟然」持續進入第 18 個年頭，這家隸屬於「田媽媽」系統的「心蓮蕊養生餐坊」，肯定有其特出之處。

掌廚、經營的，就是羅山村在地的農家婦女，單純只想著多掙點農耕之外的收入貼補家用。就像要煮給家人吃的，使用的食材，是優質的稻米、在地的肉品與新鮮無毒的蔬果，原來就有的手藝，加上勤做肯學地上課觀摩，漸漸地，門口的遊覽車、小轎車越停越多。要說心蓮蕊養生餐坊有什麼特殊，簡單地說，就是實實在在、兼具美味與營養，是種會讓人感到親切溫暖的「田媽媽原型」。

▲ 羅山村景色優美壯闊（上）
　這裡掌廚的都是在地農家婦女（下）

農家婦女開創副業的典型

富里，位處海岸山脈與中央山脈最靠近的地帶，離花蓮市區有點遠、去臺東市區不太近的樸實稻鄉，每年初夏、秋末的稻浪起伏曼舞格外讓人陶然懷想，而背倚海岸山脈的羅山村，因較封閉的地形反讓它有了優勢，成為全臺第一座有機耕作示範村。

那正巧是 20 年前的民國 91 年。臺灣西部熱絡一時的社區營造風吹到了東部，因為有特殊的泥火山，景色優美的大坪塘、羅山瀑布，以及樸實住民的農耕生活文化，在多方協助推動下，有機村於焉成形，名聲大噪，心蓮蕊餐坊的林桂妹就是當年跟著官員學者跑社區的成員之一，她的家也是羅山村唯一緊鄰省道的「體驗農家」。

農委會田媽媽品牌緣起的「輔導農家婦女開創副業計畫」剛巧也在那個時期積極推動，「農會推廣股問我們要不要也提出申請」，林桂妹回憶道，「我們都是家庭主婦哪懂那

▲ 心蓮蕊餐坊的菜餚用料實在，手工製作的泥火山豆腐口感獨特

麼多，直到申請通過時才嚇到滿身汗」，因為，除了公家的補助款，家政班班員每個人還要自付一筆「配合款」，「那個時候農會都還沒開始賣東西，我們在這路邊開餐廳，恐怕只能喝西北風吧？」成員們的擔心她能體諒，但，頭已經洗下去了，林桂妹只好向農會貸款，民國 93 年正式在自家鐵皮屋開起了餐廳。

農家有機作物新鮮上桌

餐廳隔著省道的對面，一大片荷花園在空照圖中都非常明顯，那兒是林桂妹家的荷花田，也是特色餐點的來源。走進餐廳，林桂妹都會先為客人來一壺蓮花茶，「本來只是種來欣賞，後來越來越大片，就想說拿來入菜看看」，餐廳的招牌菜之一，蓮花雞湯用的就是自家的蓮花，加入枸杞、黃耆、紅棗等中藥材，「有機栽種的蓮花是有經過驗證的，自己用得也很安心」，林桂妹說，客人反應很好，現在也做成禮盒讓客人方便食用。

餐廳的食材多數是自家栽種，「我先生喜歡鄉村生活，辭掉都市工作回來，對農事有點

了解啦」，店裡的「泥火山豆腐」，用的就是自己種的「花蓮一號」黃豆，最多曾種了一甲地。非基因改造的有機黃豆，用羅山泥火山取回的滷水製作豆腐，「口感比較紮實，不是軟軟的那種」，手工製作泥火山豆腐，曾在最後一屆的中華美食展大出鋒頭喔！鄉下農家多會種植芥菜，餐廳的梅干扣肉使用的梅干菜也是自己做的，「豬肉是到富里市場買來的溫體豬肉，要有一點肥才不致於太柴，搭配酸酸甘甘的梅干菜，很下飯」。

來自竹東客家的林桂妹很會做醃漬物，店裡的「黃金泡菜」也是自己研發、不斷改良，找出最合適的配方。用紅蘿蔔、蒜頭、辣椒、豆腐乳為基底做成的醬汁，帶點辣、帶點甜，大白菜醃過後的口感爽脆，純天然的蔬菜提味，完全沒有人工添加香料，所以必須冷藏保存，「我們有低溫宅配，來餐廳吃過想外帶的客人，如果沒有保冷袋，我們會建議他們不要買」。

▲ 雞湯與黃金泡菜可當伴手禮

食農小學堂　富里鄉羅山有機村使用泥火山滷水做豆腐本來隨著人口外移，幾乎快要失傳的技藝，在過去幾乎每一家人都會自己做豆腐。有別於一般坊間製作豆腐的凝結劑不外乎是石膏或鹽滷，而在這邊所使用的凝結劑就是泥火山鹵水，為何有這項特別的東西是因為，花蓮富里羅山村地蘊含豐富的還有近 100 多處的泥火山噴口，噴發出帶有鹹味的泥漿，因為這樣獨特的環境，農民利用火山泥過濾後的高礦物質鹵水來取代凝結劑，製作出溫潤紮實富里鄉羅山村獨有口感的泥火山豆腐。

心蓮蕊養生餐坊位於臺 9 省道 295K，北側是富里鄉農會、南側是羅山有機村入口，田媽媽的招牌很明顯，停車方便。餐食以桌菜合菜為主，除上述介紹的菜色，荷葉飯、蓮子三鮮、客家小炒、蓮花排骨湯也有口碑，用餐最好事先電話預約。

（必買）黃金泡菜
（必吃）泥火山豆腐、蓮花茶、梅干扣肉

心蓮蕊養生餐坊
花蓮縣富里鄉羅山村 9 鄰 7 號
03-8821873

東遊季養生美食餐官

酸香甜
洛神排骨

結合各地方農村婦女

始主打「田

農委會

品牌。

農村婦女開發

「田媽媽

其實

忘麼都姓田？

好多「田

鄉下會料理

這幾年台灣鄉

由臺東縣農會直營的東遊季養生美食餐館，為佔地 15 公頃的渡假村專屬餐廳；田媽媽餐廳大多數使用在地食材入菜，因轄屬縣農會，食材更能廣泛採自臺東縣境的農民或農會，四季都方便取得不同產品，用以製作鄉土料理特色餐，同時也協助解決了農民的產銷問題。

渡假村位處的卑南鄉溫泉村，就在知名的知本溫泉區入口，隔著知本溪與飯店林立的溫泉區對望，自成一格，安靜清幽，不用進入對岸的溫泉飯店街，假日來泡湯也無需擔心塞車。

東遊季田媽媽餐廳另一個優勢是，位於整個渡假村的中心，四周有廣闊的綠地、背倚蓊鬱山林，養生溫泉區可完全放鬆享受，單純前來泡湯用餐，或者入住過夜都好，離開前到入口旁的農特產展售中心採購，不用四處奔波為伴手禮傷腦筋。

知本最寬廣的渡假村

知本不只有溫泉，滿街溫泉飯店、五星級飯店之外，還有一座知本國家森林遊樂區，蓊鬱的森林內，多條步道蜿蜒交織，也可踏上空中棧道接近觀賞樹冠層景致。

不想進入溫泉街，位於知本溪左岸的東遊季溫泉度假村，便是足以滿足各項度假需求的場域，擁有全知本最寬廣的養生溫泉 SPA 區，佔地 3000 坪內設有紓壓水療池、山岩溫泉池、山岩水療池、雙人湯池等，另一區的半圓形大水池在藍天綠樹山林襯托下，讓人完全沉浸於慵懶的度假氣氛中。住宿則有會館大樓、柏園休閒屋與禪園湯屋等 3 種型態。

園區內的田媽媽餐廳於民國 96 年申請獲核定設立，為臺東縣境內第一家由農會主導的田媽媽品牌餐廳。餐廳早、中、晚三餐都營運，除了園區住宿客人的「一泊二食」，也提供一般遊客的餐食服務。

外配員工
分享異國料理

東遊季員工中包括幾位外籍配偶，服務最久的已經將近10年。她們融入當地生活，疫情衝擊期間，加入料理行列，學到經驗手藝，也一起幫餐廳增加收入而努力；此外，她們也將母國的料理分享，因此餐廳有些小配菜，偶爾也會使用異國料理方式呈現，讓客人品嚐到不同特色的「鄉土料理」。

▲ 運用臺東在地特色農產製作餐點

臺東的農產豐富，得獎的稻米、金針、紅藜、洛神、薑黃、菊花、柚子，樣樣可以入菜，大海與原住民都是鄰居，海鮮、原民風味餐也自然融入菜單。餐點以個人套餐為主，如黃金白斬雞、薑黃元氣豬、香煎鯖魚；單點菜色中的洛神排骨曾獲得 10 大風味餐肯定，家庭團體也能以實惠的價格滿足飽餐。

洛神刺蔥入菜 酸香甜兼具

東遊季養生餐館的米飯使用的是「埤南米」，百分百的臺東米。「埤南」取「卑南鄉」的諧音，水源承自卑南溪上游，或有紅葉溪溫泉溫泉的濁水，沒有污染又飽含礦物質與養分，從青割、烘乾、低溫儲存，採一貫作業，米飯滋味香 Q 迷人。

近年流行的紅藜，臺東也是盛產地之一，東遊季將含有豐富膳食纖維與蛋白質的紅藜加入米飯之外，也將它運用在古早味油飯，紅藜的比例抓得恰當，油飯原味不失且增加營養。

紅藜海鮮蒸蛋是另一道運用，將柴魚高湯與蛋液以適當比例混合，加入白果、枸杞、草菇，金黃色呈現的蒸蛋，滑嫩可口，還有大海的氣息。

洛神是令人立即與臺東聯想在一起的美麗作物，酸酸甜甜的果乾、或者色澤氣味都誘人的洛神花茶之外，用它來取代較常見的糖醋排骨也是一絕。先把軟骨排骨以洛神醬汁醃漬一陣子，下鍋稍稍油炸，再加入洛神醬煨一下，使酸甜香氣入味，再用彩色甜椒相伴，起鍋前灑上一些白芝麻，味道獨特。

原住民喜愛的野菜「刺蔥」，常被用作提味的香料，以獨家的中藥粉與研磨成粉的刺蔥融合，鹹豬肉用烤、煎的方式均可，帶點焦焦脆脆的口感，散發刺蔥特別的香氣，成為餐廳受歡迎的招牌之一。

▲ 紅藜海鮮蒸蛋用料豐富（上）
　低溫宅配食品與其他伴手禮（下）

餐桌上即食之外，古早味紅藜油飯、洛神排骨也已經可用低溫配送做外賣。「東遊季農產商城」官方網站上，還有各種農特產品、農漁會百大精品等產品方便選購。

東遊季餐館除住宿客，也接受非住宿散客、團體訂餐。個人套餐有 6 種主菜供選擇，搭配 3 道小菜、白飯、湯、甜點、水果；合菜從 5 菜 1 湯到 10 菜 1 湯，依價格會有不同的菜色配置，也可以採逐項單點方式自行選配。住宿客人則採一泊二食方式，晚餐個人套餐、早餐則是自助餐。

必吃　黃金白斬雞、薑黃元氣豬、紅藜海鮮蒸蛋、洛神排骨

東遊季養生美食餐館
臺東縣卑南鄉溫泉村溫泉路 376 巷 18 號
089-516111 分機 700

國家圖書館出版品預行編目 (CIP) 資料

田媽媽臺灣好食味—隱身鄉間的質樸好味道
初版 . -- 新竹市：財團法人農業科技研究院 / 行政院農業委員會，
2023.07
面； 公分 . --
ISBN 978-626-95306-9-4(平裝)
1. 食農教育 2. 田園美食

田媽媽臺灣好食味—隱身鄉間的質樸好味道

發 行 人 陳吉仲
總 編 輯 陳俊言
副總編輯 林俊宏
策 劃 湯惠媄、張云喬
企劃編輯 花粉小姐
採訪撰文 / 攝影 陳志東、謝禮仲、王曉鈴
美術編輯與插畫 染渲森森
文字編輯與校稿 楊欣佳、湯惠媄、黃文意、丁川翊、許心怡、陳旻慧

出 版 財團法人農業科技研究院 / 行政院農業委員會

印 刷 皇甫彩藝印刷股份有限公司
地 址 新北市中和區中正路 988 巷 10 號
電 話 02-32345871

初版一刷 中華民國 112 年 7 月
定 價 新臺幣 420 元整
I S B N 978-626-95306-9-4